晁无疾　陈占伟　单　涛　杨军平 ◎ 编著

阳光玫瑰葡萄

YANGGUANG MEIGUI
PUTAO

GAOZHILIANG ZAIPEI

高质量栽培

中国农业出版社

北　京

前言 FOREWORD

近年来，我国鲜食葡萄生产发展迅猛，全国从南到北、从东到西涌现出许多优质高效葡萄生产新的先进典型，其中大多数人2021年葡萄亩产值超过3万元，个别达到10万元。能够形成这样大范围葡萄效益增长的先进典型，主要原因之一是葡萄新品种阳光玫瑰的推广应用，这也同时促进了我国葡萄生产和发展的又一次新高潮。据不完全统计，2022年年底全国阳光玫瑰葡萄栽培面积已达120万亩左右，目前栽培面积还在不断增长。面对这种单一品种爆发式发展的新形势，如何合理布局和科学引导葡萄生产新发展，确保产品质量、效益不断提高，已成为各个葡萄生产区必须重视的一项重要工作和任务。

葡萄的生产与发展，品种起着十分重要的作用，但是不能把品种的作用绝对化。品种有明显的地域性和时间性。因此，一个地区发展葡萄生产一定要注意品种区域化布局，即在一个地区、一个阶段，要种植一组（而不是一个）适合当地生态、市场、科技条件的优良品种，这样才能获得真正稳定可靠的经济效益，才能实现可持续发展。当前一些地方仅仅发展个别短期效益好的品种，而忽视区域化品种搭配，这是一个值得引起注意的问题。

阳光玫瑰葡萄是一个欧美杂交种、二倍体品种，它的生长结果习性既不同于欧亚种品种（红地球、科瑞森、维多利亚、无核白、龙眼等），也不同于以往生产中常见葡萄的欧美杂交种（巨峰、黑奥林、夏黑）等。要栽好、管好阳光玫瑰葡萄，就必须了解它对生态环境和栽培管理的具体要求，这样才能充分发挥其品种的独特优势，真正达到丰产优质和高效的栽培目的。

从2010年开始，我们在全国各个产区建立阳光玫瑰葡萄观察联系点，并且多次到日本考察学习，经过多年和各地同志相互配合，取得了宝贵的观测数据和试验结果。我们把这些数据进行归纳分析，初步总结出阳光玫瑰葡萄优质、丰产、高效栽培技术规范（草案）。通过在各地应用，不断进行修改和补充。本书就是一个阶段性的总结，希望得到大家的批评和指正，以便更切合各地的生产栽培实际。最近以来，国内关于阳光玫瑰葡萄所谓高产、大穗、大粒、超大粒栽培技术材料较多，我们认为此类说法值得商榷，因为任何葡萄品种要达到真正的优质、安全、高效都必须合理控制产量，严格控制果实大小、水肥供应和植物生长调节剂的应用。盲目追求幼树早丰产、超高产、超大穗、超大粒，都是误导，这一点在当前阳光玫瑰葡萄栽培迅速发展时期必须引起足够的重视。

近年来我们收到全国各地众多葡萄栽培者来信和来电，希望我们编写一本能指导种植阳光玫瑰葡萄的技术图书，根据大家的迫切要求，我们组织编写了这本以文字和图片相结合的技术图书，供大家参考。

在本书编写过程中，参考了国内众多的图书、报刊等资料。陕西北农华绿色生物技术有限公司提供了部分资料。特别是其他葡萄专家白先进、车旭涛、吴银增等同志提供了许多宝贵的栽培经验，在此我们表示诚挚的谢意。我们尤为感谢中国农业出版社张利和阎莎莎编辑，从构思到编写都提出许多重要的建议，并且认真审稿严把质量，在此表示衷心的感谢。

科技在进步，葡萄产业在发展，由于我们的业务水平有限，本书肯定存在不少缺点和错误，希望大家发现后随时批评和指正。

编　者

2023 年 5 月 5 日

目录 CONTENTS

前言

视频目录

一、概　述

（一）阳光玫瑰葡萄品种来源

　　阳光玫瑰葡萄（シャインマスカット）（Shine Muscat）又名夏依马斯卡特、闪光玫瑰等，是日本果树试验场安云津分场1988年杂交选育的一个二倍体欧美杂交种品种，亲本为安云津21（斯丘本×亚历山大）×白南（卡达库尔干×甲斐露）。2006年在日本完成品种登记，2009年在日本正式开始推广，同年引入我国，先在江苏、浙江、上海进行栽培，目前已推广到我国中部、东部、南部各个省份。

　　阳光玫瑰葡萄是近年来我国发展最快的葡萄品种之一，全国从南到北、从东到西几乎都有引种和栽培。到2022年年底，全国栽培面积已达120万亩*左右。我国也成为全世界阳光玫瑰葡萄栽培面积最大的国家。

阳光玫瑰葡萄

　　通过近几年观察，一致认为阳光玫瑰葡萄是一个丰产、大粒、浓甜、浓香、成熟后不易落粒，经济效益高的中晚熟黄绿色优良品种。

---

　　*　亩为非法定计量单位，15亩＝1公顷。全书同。

（二）阳光玫瑰葡萄在我国的发展阶段

第一阶段：2009—2013年，阳光玫瑰栽培的初步探索阶段。该阶段我国葡萄产业蓬勃发展，葡萄的产量和面积迅速增长，除了传统的巨峰、红地球、夏黑等品种持续发展外，一些葡萄从业者大胆投入，引种栽培阳光玫瑰。但经过3～4年的引种试验，其结果良莠不一，给产业发展留下了深刻的教训。阳光玫瑰品质优良，但对栽培技术要求严格，提醒我们必须认真研究生产中存在的障碍和问题，绝不可套用其他品种栽培技术盲目发展。例如阳光玫瑰的小苗僵苗、病毒病、坐果不良、果锈等问题如不能得以有效解决，绝对不宜轻易大面积发展。

第二阶段：2014—2019年，深入开展研究、示范阶段。在这一阶段初期，我国葡萄生产遇到了长期重产量轻质量，重视面积

广东河源阳光玫瑰果园

扩大轻视质量提高带来的不良影响，造成栽培效益下滑的困境。错误和教训使葡萄从业者清醒认识到必须重视葡萄质量安全，为此农业部和多个高等院校及科研单位迅速组织力量，深入开展实验和示范，中国农学会葡萄分会为推动阳光玫瑰健康栽培，先后组织了多次全国和地方阳光玫瑰优质、高效栽培专题交流会。建立多个阳光玫瑰优质、安全生产、示范基地，为各地农民提供学习和交流的场所，有力促进各地阳光玫瑰葡萄健康发展。到2018年，全国涌现出一批阳光玫瑰优质、高效栽培典型。榜样的力量是无穷的，在先进典型的带领下，一个发展阳光玫瑰的新高潮在全国迅速形成。

第三阶段：2020年至今，健康栽培、高质量发展的新阶段。经过前期的探索实践和多地技术培训的推动，阳光玫瑰栽培和管理技术日趋成熟、完备。而阳光玫瑰果品更是以其香、脆、甜等多方面的优势，迅速进入了果品销售领域的中、高端市场。但是由于我国葡萄生产还处于大市场小生产阶段，缺乏集约化和系统工程指导，相当一部分葡萄园面积小、产地分散，而且生产者多缺乏现代化的管理素质。加上收购、销售、流通渠道多种多样，很难统一管理，造成市场上阳光玫瑰葡萄产品质量参差不齐。因此加强国家、地方、企业和生产者的统一管理，提高管理水平、思想素质、科技素质是现阶段首要的工作和任务。

根据全国葡萄健康栽培体系2022年在全国多个葡萄主产区的调研数据，据不完全统计，截至2022年年底，我国现有阳光玫瑰栽培面积近8万公顷（约120万亩），其中，2022年已进入成龄挂果的实际面积约为6.67万公顷（约100万亩）。阳光玫瑰已经成为我国继巨峰、红地球之后，栽培面积最大、发展最为迅猛的一个葡萄新品种，并有望在未来3～5年内，成为我国又一个鲜食葡萄主栽品种。

现阶段应重点抓好：

一是明确阳光玫瑰优势发展地区和发展规模，在优势区内重点抓好高档、优质产品的生产，建立出口产品和高端市场产品生产基地。在优势区内实行品种区域化，合理搭配其他适合当地发展的优良无核品种。此外，我国还有许多优良的有核葡萄品种，它们不仅外观秀丽、品质优良，而且种植成本显著低于阳光玫瑰，种植效益也十分显著，如优选夏黑、火焰无核、克瑞森无核、红宝石无核等品种。它们与阳光玫瑰搭配种植有明显的经济效益和社会效益。

适合与阳光玫瑰搭配的无核葡萄品种

品种	色泽	果穗大小	果粒大小	风味	成熟期	备注
夏黑	紫黑	中	中	酸甜	早	防落粒
火焰无核	亮红	中大	中小	脆甜	早	防裂果
世纪无核	绿色	大	大	甜爽	中	控制产量
茉莉莎无核	黄绿	中	大	香甜	中	增强树势
克瑞森无核	鲜红	大	中	脆甜	晚	慎用植物生长调节剂
红宝石无核	亮红	特大	中小	甜爽	极晚	控制产量

夏 黑

火焰无核

克瑞森无核

红宝石无核

二是全面推行阳光玫瑰优质生产栽培技术规范，对不符合要求的及时进行纠正，对不适宜发展阳光玫瑰的地区，应明确提出更改方案。在发展阳光玫瑰优势明显的地区，要重视技术创新，提高产品质量档次，降低生产成本，充分利用信息化、网络化、大数据等新技术，促进栽培技术现代化，提高葡萄栽培质量和经济效益。

三是重视品牌培育，树立有我国自主知识产权的、在国际上有影响的葡萄商品品牌。品牌在现代果品流通贸易中有十分重要的作用，当前我国已成为世界第一鲜食葡萄生产大国，但还没有一个国际知名的葡萄商品品牌。国内虽然已选出十大葡萄品牌，但在市场流通上影响力还比较薄弱。

四是重视产品采后处理水平的提高，鲜食葡萄采后处理（保鲜、贮藏、冷链运输、包装、销售等）对晚熟品种阳光玫瑰来说尤为重要。建设采后贮藏销售冷链系统非常重要，以确保阳光玫瑰产品质量，增强我国阳光玫瑰葡萄产品在国际、国内果品市场上的竞争力。

阳光玫瑰丰产状况

注意品种搭配，形成区域化栽培

阳光玫瑰是一个优良的晚熟鲜食品种，但它对环境条件和栽培技术要求较高，各地在发展时一定要因地制宜，不可盲目效仿，一哄而上。

一个地区品种也不能过分单一，在发展葡萄生产时要实行"品种区域化"，观光栽培更应注意品种搭配，科学合理布局适合当地具体条件和市场需求的优良葡萄品种组合。在品种选择上不可盲目攀比，要以效益为目的，选择真正适合当地栽培的优良葡萄品种。

（三）阳光玫瑰葡萄产业在我国的发展特点

南方地区是我国首先开展阳光玫瑰葡萄栽培的地区，长期以来，我国南方地区因降雨多、气候潮湿等因素影响，葡萄栽植发展缓慢。改革开放后，随着欧美杂交种葡萄新品种的引进、设施避雨栽培的推广以及南方经济发展与消费水平的提高，促进了阳光玫瑰葡萄在南方地区的迅速发展。

阳光玫瑰葡萄从2009年开始引进，发展到2019年，江苏、上海、浙江、云南等地开始规模化栽植。目前，我国60%以上的阳光玫瑰种植在南方，南方地区已成为我国鲜食葡萄新产区。

设施避雨栽培、高宽稀垂的大架面栽培方式是阳光玫瑰葡萄的主要栽培模式。阳光玫瑰属于欧美杂交种，喜温、喜湿、喜肥水、喜疏松土壤、不耐旱、不耐寒。大架面的栽培方式通风透光好，有利于树体的健壮生长和果实品质的提升。高宽稀垂的大架面，成为南方和北方（不埋土防寒区）地区主要采用的栽培模式。

对地下水位高的地区还要配合采用树盘起垄栽培和根域限制栽培等新的栽培技术，改善生长环境，提升果品综合品质。

福建福安阳光玫瑰葡萄大规模避雨栽培

阳光玫瑰葡萄设施避雨栽培

北方地区是我国传统的葡萄优良产区，近年来随着设施栽培技术的改进，北方各地如山东、河南、河北南部、山西南部、陕西中部和南部等地阳光玫瑰得到迅速发展，涌现出许多阳光玫瑰优质、高效生产先进典型。

　　北方地区虽然冬春气温较低，夏秋多雨，但生长季日照充足、日温差大、土壤疏松，土质多为黄土或黄土的冲积土，土层深厚、土壤营养丰富，且人均耕地面积较大，若加强合理布局规划，重视土、肥、水管理，注意设施避雨建设，阳光玫瑰生长结果也十分优良，也能生产出十分优异的阳光玫瑰果品。

陕西兴平一棵二年生阳光玫瑰共结果51穗

　　不论快速发展的南方区域，还是后继发展的北方地区，优质标准化的栽培管理技术和优良品种组合永远是可持续发展的两条主线。品种有明显的时间和空间概念，在我国一个优良主栽品种维持的时间大概在15～20年。随着科技的发展，新品种的培育和市场需求的变化，主栽品种肯定会有不断地更新和变化。然而无论怎样变化，优异良好的果实质量永远是葡萄品种的生命线。能够充分满足消费者对高品质葡萄的消费需求才是最终的生存和发展之道。

（四）当前阳光玫瑰葡萄生产中应注意的问题

1.强化质量意识，狠抓质量提升　阳光玫瑰是一个高档品种，目前全国阳光玫瑰产品中，高档优质产品所占比例仍然较低。盲目追求高产、大穗、大粒和早熟，滥用生长调节剂导致果实空心，风味严重降低的现象在各地都有发生。质量是产业发展的生命线，采取切实严格的管理措施，提高阳光玫瑰的质量安全，是各产区主管部门和各企业负责人及广大生产者必须重视的问题。2020年个别地区阳光玫瑰销售价格已突然下滑到巨峰葡萄价格水平，这个教训应引起我们高度重视，决不能有任何侥幸心理。

2.规范化栽培，高质量发展　各个阳光玫瑰栽培区要尽快完成适合本地的栽培技术规范，严格规范各项管理技术，包括栽培管理方法、产量指标、病虫害防治、产品质量标准等。提高果农科技素质，是建设现代化果业的根本保证，各地要加强对果农的技术培训，使栽培者真正掌握阳光玫瑰栽培技术。

3.降低栽培管理成本，提高生产效益　近年来，随着世界和全国经济形势的不确定和复杂的变化，葡萄产业和其他农业产业一样，栽植成本、管理成本、流通成本不断提高，对阳光玫瑰来说更为明显，现在每亩露地葡萄建园成本已上升到1.5万～1.8万元，设施大棚3.5万～6.5万元。居高不下的生产成本给生产者带来很大的负担，也影响他们对生产投入的积极性，为了进一步降低阳光玫瑰栽培成本，今后还应加大对生产管理各个环节的认真剖析，删繁就简，减少不必要的生产环节。近年来各地相继开展各种形式的研究和试验，加大政策支持力度，推行技术创新和新技术应用以及省工栽培等，部分有经济基础和科技条件的地区和单位采用人工智能和水肥一体化等新技术，大幅度降低了人工管理成本。今后在采用现代化管理模式进行简约栽培上还有很大的潜力。

4.重视产后流通，培养知名品牌　品牌是现代化果业的重要标志，也是线上、线下流通的重要依托。树立品牌，培养知名品牌是拓宽流通领域的重要手段，2010年我国已评选出全国葡萄十大品牌，并产生了一定的经济效益和市场影响力。今后我们还将继续开展知名葡萄品牌评选活动，希望有更多更好的葡萄产品成为新的知名品牌。

我国是世界第一鲜食葡萄生产大国，但是在国际葡萄产品贸易上，我国的地位还很低，改变这种不相称的局面，必须以质量为基础，以品牌为龙头，拓宽国际市场，尽快让我国葡萄产品走向世界，这是全国葡萄生产者共同的神圣义务和责任。

视频1　晁老师谈阳光玫瑰种植

二、生长发育特性

（一）植物学特性

　　阳光玫瑰属于欧美杂交种二倍体品种，其生长旺盛，生长量大，在我国北方避雨大棚中，新梢全年可抽发50～56节（陕西兴平），而在南方可达72～76节（云南建水）。一年生枝条粗度（直径）一般在0.82～1.23厘米，枝条表皮呈淡黄褐色，萌芽率高，生长量大，为早成形、早结果创造了良好的条件。其新梢顶端及幼叶密被白色茸毛，叶色浓绿，成龄叶大、厚，有革质感，叶缘锯齿大，叶面有泡状皱缩。抗病力较强，抗寒力一般。

阳光玫瑰新梢

基芽萌发

陕西兴平6个月阳光玫瑰主干23节、双臂52节、叶片710片、叶面积约72 000厘米²

副芽萌发力强

及时抹芽促发壮枝

副梢发枝强于主梢冬芽发枝（陕西兴平）

功能叶
（叶龄100～105天）

阳光玫瑰葡萄生长结果习性

萌芽率	成枝率	结果枝率	结果系数	枝条横径	备注
85.3%	83.5%	56.7%～73.4%	1.39	≥0.83厘米	全国多点统计

（二）结果特性

　　阳光玫瑰葡萄成花力强，坐果率高，果枝率达56.7%～73.4%，果穗多着生在一年生枝条的第2～4节，双穗率高。自然花序长圆锥形，中等大小，两性花，坐果率高达65%～77%。副梢容易成花，早结果，丰产性好。从萌芽到果实成熟，南方设施栽培需要130～140天，北方设施栽培需要140～155天，露地栽培需要145～165天，属于晚熟品种。果实耐较长期挂树，不裂果，不易掉粒，耐贮运。

阳光玫瑰正常花序

副梢易形成花芽

嫁接当年即开花

阳光玫瑰成花性强、坐果率高、早产丰产性好

一枝双穗

（三）果实性状及果实发育特性

阳光玫瑰（自然坐果时）果穗中等大小（500～900克），果穗形状有两种。一是自然圆锥形，果穗长23～28厘米，果穗宽20～25厘米，穗重750～1 100克，果粒着生中等紧密，果穗大小整齐。果粒椭圆形，每粒浆果中含1～2粒种子。果肉致密脆嫩，风味香甜，无涩味，含糖量18%～22%，品质优良，果皮可食，成熟后可挂树月余不掉粒，但采收过晚时香味变淡、果锈增多。二是圆柱形，经人工修整花序和生长调节剂处理后形成。果穗大小、形状一致，果穗宽11～12厘米，果穗长21～23厘米（果穗重随处理方法不同，变化较大）。果粒着生紧凑，果粒宽卵圆形，果顶平，在果穗过紧或果粒过大时果粒会有明显棱凹，果皮绿色或黄绿色，有亮光，果皮变厚，果梗变粗，每粒浆果中含0～2粒种子。管理不良时易生果锈。单粒重随处理方法不同而不同，为9～15克，过大时易形成空心果，而且导致含糖量降低、香味变淡。

圆锥形果穗

圆柱形果穗

单粒重9 ~ 15克
含糖量16% ~ 18%
具香味
种子0 ~ 2粒

阳光玫瑰果粒形状

阳光玫瑰果实发育明显呈现双S曲线特性。阳光玫瑰开花结束后2～3天，幼果开始迅速生长（子房内细胞分裂阶段），这一阶段幼果生长很快，在北方设施大棚内这一阶段大概维持35～40天。经过这一阶段，幼果生长开始变慢（进入幼果发育硬核期），这一阶段是种子发育关键时期，幼小白色种子迅速长大，这一时期大概需要15～20天，到后期时种子开始变硬，种皮颜色变深。硬核期果实发育相对较慢，但也在不断增大，同时这一时期也是阳光玫瑰果实最容易发生日灼的时期，必须注意合理进行水肥管理和保持良好的通风透光，防止日灼。然后果实进入第二次膨大期阶段，这一时期大概需要30～40天，但此次膨大果实增大量明显小于第一阶段，这时果实已进入充分成熟期，可以适时采收。采收过晚就进入过熟阶段，果实开始变黄，糖分降低，香味变淡，果锈增多，商品品质变差，但种子发育十分充实。

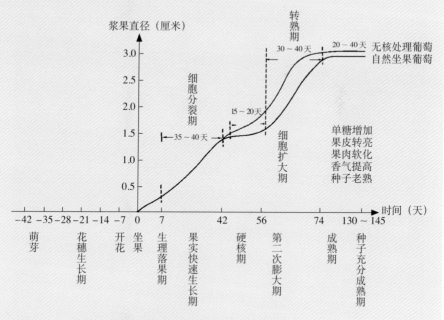

阳光玫瑰葡萄果实生长发育动态（陕西咸阳，2019年）

由于阳光玫瑰果实成熟后不易落粒，挂树时间长，有些地方因各种原因采收过晚，但是过晚采收会影响食用品质。

（四）阳光玫瑰葡萄对环境条件的要求

阳光玫瑰起源于日本，是欧美杂交种二倍体品种，由于培育的时间还不太长，目前尚不能完全总结出它对环境的要求。根据我国的栽培实践，阳光玫瑰性喜温润的气候，不耐干旱和寒冷，适合在我国≥10℃年活动积温3 400℃左右、日平均温度≥13.0℃、冬季绝对最低温不低于−12℃、无霜期大于175天的地区栽培。生长季日照时数≥900小时以上、年降水量500～950毫米、土壤pH为6.5～7.5、土壤含氧量≥11%的地方可以推广栽植。阳光玫瑰根系生长旺盛，喜欢疏松肥沃的中性和微酸性土壤。

充足的光照、温润的气候、良好的土壤

阳光玫瑰是一个对环境和管理技术要求较严格的晚熟品种，各地应根据当地的自然条件、市场需求、技术状况因地制宜地进行栽培。从十几年栽培实践来看，阳光玫瑰喜欢温暖湿润的气候、疏松肥沃的土壤，适合在我国中部、东部和南方管理良好的地区及设施中栽培，而不适合在寒冷、干旱或自然灾害严重且管理技术较差的地区露地栽培。

三、建园与栽植

（一）建　园

阳光玫瑰栽培分为露地栽培和设施栽培两种。

露地栽培主要适用于我国中、东部地区积温高和降水量较少，但有灌溉条件的地方，如黄土高原南部、黄河中下游和南方向阳坡地地区。建园前先进行栽植区的规划。一般种植小区面积为2～5亩，小区间规划道路和灌溉设施；面积大于10亩时还应配置相应的工作间；大型园区规划时要同时规划排灌系统、田间道路、配套设备、物料储藏空间以及水肥一体化，温、湿度等智能监控和调控设备等。规划好后挖定植沟，挖定植沟应在种植前一年的秋冬土壤上冻前进行，以便使沟内填土充分熟化。

设施避雨栽培：我国除西北地区外，大部分地区夏秋季多连阴雨，对葡萄生产影响很大，这些地区种植阳光玫瑰必须采用设施避雨栽培。设施避雨栽培有三种类型，简单避雨、避雨大棚和连栋避雨大棚。东北和华北北部低温地区还可采用温室栽培。关于设施的建造和管理可参考中国农业出版社2017年出版的《实用葡萄设施栽培》一书。

简单避雨为单棚、单行，每行长50～60米。避雨棚跨度2.2～2.5米，避雨棚高2.5～2.7米。葡萄采用Y形或T形架。采用Y形架一定要注意种植行和避雨架必须是南北走向。

避雨大棚根据栽植面积大小分为中棚和大棚，中棚的跨度6.0～6.5米，高度2.7～3.0米，肩高2.2～2.3米，棚下栽植一行。大棚的跨度9.0～10米，高度3.2～3.3米，肩高2.2～2.3米，棚下栽植两行，采用T形或H形。

采用设施避雨栽培

我国中部和南方宜用大棚避雨栽培

防高温型顶部通风大棚

北方地区宜用日光温室栽培

连栋避雨大棚一般5个棚为一组，不可过多过大，以防大棚内温度和光照不易控制，难于管理。

无论哪种设施结构，棚的长度不能超过60米，棚间距应保持在2.5～3.0米。大棚过长，设施内通风变差，春、夏季节极容易发生高温日灼伤害。

露地栽培行距2.5～3.0米，简单避雨栽培行距3.0～3.5米，避雨中棚行距5.0～6.0米，避雨大棚行距6.0米。株距均为2.0～3.0米，结果两三年后，隔株间伐增大株距。

（二）苗木与砧木选择

阳光玫瑰的苗木有两种，一是扦插自根苗，二是嫁接苗。

1.扦插自根苗　阳光玫瑰枝条扦插生根率高，根系生长快，结果早，果实品质好，在气候、土壤和管理条件良好的地方，可以采用自根苗。但是自根苗根系浅，抗寒、抗旱、抗病毒的能力差，自根苗最常发生的就是僵苗和病毒病，在盐碱性土壤中易患黄化病，对此在生产上要更加注意。生产中选择阳光玫瑰的自根苗首先需要选择苗木健壮、长势良好的自根苗或脱毒苗。如果自根苗出现问题，可以采用靠接换砧进行补救。

葡萄自根苗质量标准

项目	级别		
	1级	2级	3级
品种纯度	≥98%		

项目		级别		
		1级	2级	3级
根系	侧根数量	≥5	≥4	≤4
	侧根粗度（厘米）	≥0.3	≥0.2	≥0.2
	侧根长度（厘米）	≥20	≥15	≥15
	侧根分布	均匀，舒展		
枝干	成熟度	木质化		
	高度（厘米）	20		
	粗度（厘米）	≥0.8	≥0.6	≥0.5
	根皮与枝皮	无新损伤		
	芽眼数	≥5	≥5	≥5
	病虫危害情况	无检疫对象		

扦插生根良好的自根苗

脱毒苗

2.嫁接苗　采用抗性砧木、培育嫁接苗是提高葡萄抗不良环境的有效途径。为了适应不同地区的生长环境，解决植株栽植时遇到的各种问题如根瘤蚜、根结线虫、根癌病、低温冻害、高温湿热、盐碱等，以及满足生产上的一些特殊需求如矮化、早熟、晚熟等，世界各国先后选育出许多葡萄砧木，它们有各自的抗逆特性和适应性，各地可根据当地的实际需求，选用合适的葡萄砧木。

葡萄嫁接苗质量标准

项目		级别		
		1级	2级	3级
品种与砧木纯度		≥98%		
根系	侧根数量	≥5	≥4	≤4
	侧根粗度（厘米）	≥0.4	≥0.3	≥0.2
	侧根长度（厘米）	≥20		
	侧根分布	均匀，舒展		

项目		级别		
		1级	2级	3级
成熟度		充分成熟		
高度（厘米）		≥20		
接口高度（厘米）		10～15		
枝干粗度	硬枝嫁接（厘米）	≥0.8	≥0.6	≥0.5
	绿枝嫁接（厘米）	≥0.6	≥0.5	≥0.4
嫁接愈合程度		愈合良好		
根皮与枝皮		无新损伤		
接穗品种芽眼数		≥5	≥5	≥3
砧木萌蘖		完全清除		
病虫危害情况		无检疫对象		

目前适合阳光玫瑰的砧木有以下几种：

（1）贝达（BETA）。贝达原为美国一个栽培品种，后因品质不良，在我国改为砧木使用，其特点是抗寒性较强，根系可抗−9～−7℃的低温，从而减小北方埋土防寒的覆土厚度。2021年南方部分地区反映贝达抗涝能力明显强于其他砧木。但需注意阳光玫瑰葡萄用贝达砧经常出现"小脚"现象。在我国华北、西

南方贝达砧嫁接苗表现小脚现象

北碱性土壤地区种植，很容易出现缺铁性黄化和病毒病。

（2）SO4。强势砧木，雄性花。抗根瘤蚜、抗根结线虫、高抗根癌病、耐湿热。由于阳光玫瑰本身生长旺盛，一般不适合用SO4砧，SO4砧适宜嫁接生长势中庸偏弱的品种。

（3）5BB。高抗广适性砧木，雌性花。抗根瘤蚜、抗根结线虫，嫁接成活率高，生长健壮，适宜潮湿黏性土壤，耐湿热，耐盐碱，抗黄化，抗寒性弱。5BB砧适宜在南方湿热地区和华北、华中、华南地区采用。采用5BB砧容易出现"小脚"现象，但不影响植株生长和结果，也不影响产量和果品质量。

自根苗靠接5BB

（4）3309C。长势旺，耐湿热，但抗寒性比较差，对干旱敏感，不适宜干旱和土壤条件较差地区使用。近年来社会上出现3309M，据查国际上无此砧木，估计名称有误。

（5）抗砧3号。中国农业科学院郑州果树研究所近年来选育的一个砧木品种，亲本为河岸580×SO4。抗病性强，抗寒，耐盐碱，抗葡萄根瘤蚜、根结线虫等，适宜我国北方地区如陕西、河南等气候特征和土壤类型。抗砧3号嫁接的阳光玫瑰品种目前在陕西礼泉综合性状表现良好。

近来我国各地利用栽培品种夏黑、巨峰、红地球等改接阳光玫瑰报道很多，其中以夏黑表现较好，取材容易，生根好，成熟较早，所以一些地方采用夏黑作砧木。但是夏黑根系较浅，抗逆性弱，不抗盐碱和黄化病，各地在选用砧木时要慎重考虑，要根据当地砧木和试验观察为依据，尽量选择国家正式命名的葡萄砧木。如果采用外购苗木，一定要在国家认定的苗木生产和销售单位购买。并且要注意三证齐全，即苗木生产许可证、苗木合格证、苗木检疫证。不得购买缺证苗木。

葡萄砧木高位嫁接

夏黑嫁接阳光玫瑰第二年结果状况

国内各地阳光玫瑰砧木表现

砧木	主要优点	缺点
贝达	早熟、抗寒、抗湿	易感病毒病、果实稍软 碱性土上易黄化
5BB	树势旺、果粒大、挂果时间长、果肉较硬、抗黄化、抗根瘤蚜	大小脚明显（不影响生长）
SO4	树势旺、叶片大、耐酸性土壤、抗根瘤蚜	大小脚明显（不影响生长）
3309C	根系深、抗寒、抗旱、着色好	初栽期生长较慢
夏黑	生长旺、粒大	果粒易发黄、果肉较软 不抗根瘤蚜
自根苗	糖度高、香味浓	果粒稍小、果皮易转黄 不抗根瘤蚜

（三）栽　植

1.栽植时间　要根据当地的气候和土壤温度条件，适时进行栽植或假植。我国南方和中部地区，要提倡秋季栽植，秋栽要早，一般在9月下旬即可进行，这样利于当年恢复生根，第二年生长健壮。北方冬季较冷地区提倡春季土壤回暖、地温达到7℃后再行栽植，一般在3月下旬至4月。在气候条件不良时，要及时对苗木进行假植贮藏，避免冬季干旱失水、潮湿霉变等，影响苗木的正常成活。

2.苗木假植　在设施大棚内挖50厘米深、100厘米宽的土沟，沟底铺一层细沙，洒水浇湿，然后将苗木根系向下整齐紧密排放在沟中，苗木上面盖一层湿沙土，厚度15～20厘米，上面再用草帘覆盖。如果没有大棚设备，也可在露天选择避风向阳、排水良好的空地处挖沟，深60～80厘米，宽100厘米，沟的长短按照苗木的多少而定，或用沙土在室内堆放埋藏假植。假植方法如上所述。

3.挖定植沟　阳光玫瑰枝、叶和根系生长旺盛，结果量大，对土壤和养分供应要求明显高于其他品种，栽植前必须重视定植沟和沟内底肥的使用，这是阳光玫瑰栽培中十分重要的栽培技术。一般定植沟深80厘米、宽1米，沟底铺一层厚15～20厘米的秸秆，然后填入表土并每亩（定植沟面积）加入腐熟的有机肥4 000～5 000千克和过磷酸钙50千克（南方地区改用钙镁磷肥并加入石灰40～50千克），有条件的地方可在测定土壤营养的基础上进行营养搭配。肥料与土壤充分搅拌，混合均匀，填入定植沟。

栽植前挖定植沟

4.苗木栽植　无论秋栽或春栽，先在定植沟内打点定位，按照规定的株行距挖定植穴，穴径40～50厘米。栽植苗木时横竖都在一条线上，保证苗木栽植整齐。

（1）筛选苗木。对购回或假植的苗木进行筛选，选留健壮的苗木，舍弃病、残、弱苗。

（2）对苗木进行修剪。对根系进行修剪，剪掉过长的根系，保留15～20厘米即可。剪掉主干上过多的芽眼，一般保留3～4个健壮芽眼即可，注意嫁接苗接口要愈合良好。

（3）苗木消毒。栽植前用清水加0.5%尿素充分浸泡8～10小时。然后取出稍晾后进行苗木消毒，苗木地上部用5波美度石硫合剂消毒，而根系用噻虫嗪加生根剂喷布处理。

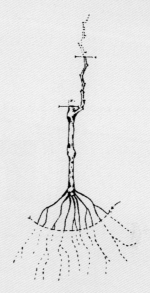

苗木修剪

葡萄苗木消毒

（4）栽植。栽植时先将苗木竖直立在坑内，培土覆盖过根系，注意不要将上部芽眼覆盖。覆土后将苗稍微往上提，使根系充分和土壤相接。然后再覆土、踩实，和地面相平后浇一次透水，晾一两天后覆土或覆膜防龟裂。

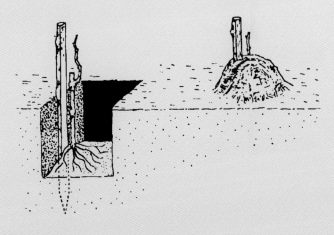

苗木栽植

5.葡萄根域限制栽培　葡萄根域限制栽培是近10年来兴起的一种节土、节肥、节水的栽培方法，原理是在定植沟四周用塑料薄膜或塑料板、砖等设置一个隔离层，以防止水肥的流失和外渗，并减少了树盘管理面积。最简单的使用方法是在定植沟挖好后，贴近沟壁从上到下铺设一层0.4～0.6毫米厚的塑料薄膜，注意沟底中央留出10～15厘米孔隙与底土相接，然后再填入秸秆和培养土，最后栽植葡萄苗木。

根域限制栽培定植沟设置

种植沟内覆塑料膜

沟内填土后种植葡萄苗

幼树健壮生长

第二年即进入结果期

在设施中或观赏栽培时，常用箱筐式根域限制栽培。用水泥、砖或木板做成栽植槽、筐或用有孔的箱、桶填入营养土栽植葡萄。类似于大型盆栽方式，箱筐还可移动。

箱筐式根域限制栽培

（四）栽植后管理

1.定梢、扶直　栽后1周，苗木相继发芽，一般每个葡萄芽眼能长出几个新梢，待能分出新梢强弱时，及时抹去弱梢，每株保留一个强梢向上生长，当新梢长到20厘米左右时，在每株旁插一粗1厘米、长2米的竹竿，竹竿的顶端绑在架竿的铁丝上。随着幼苗新梢的迅速生长，每隔20～25厘米将新梢在竹竿上绑缚一次，促使树干直立健壮。不宜用绳子吊拉新梢，以免造成树干弯曲。

2.主干留毛腿　主干上发出的副梢不抹除，保留1～2个叶进行摘心，在树干上形成毛腿。这样不但促进主干加速生长，而且有利于来年开花结果。

幼树留毛腿对生长和结果的影响

处理	毛腿叶片数	萌芽前主干粗（厘米）	主蔓上花序数（个／株）	根系	第二年萌芽期
留毛腿	26	3.25	21	定植沟内布满新根	4月5日
对照	0	2.65	6	有新根、密度低	4月13日

注：试验地点为陕西兴平市农拓葡萄园。

宽行稀植、插竿扶直

高干 T 形架双臂留毛腿整形

3.肥水管理　这一阶段葡萄生长十分迅速，应注意每隔5 ~ 7天追施一次充分腐熟的有机肥稀释液。量要适中，勤施少施，保持树盘潮湿即可。

4.病虫害防治　这一时期葡萄枝叶幼嫩，容易遭受各种病虫害的危害，各地应根据当地情况及早进行防治。有黄化病的地区，更要注意早防早治。

（一）栽培架式与整形

阳光玫瑰葡萄整形方式多种多样，具体采用哪种形式主要根据种植地区气候、土壤、生长结果状况、种植区的空间大小等来决定，由于阳光玫瑰生长旺盛，所以更适合高架形、大水平架面整形。生产上采用的整形方式主要是 V 形、T 形及 H 形等几大类，其他形式都是根据这几种形式演变而来的。

1. V 形架和 V 形小平棚整形

（1）V 形架。也称 Y 形架，它是在原篱架基础上抬高主干成单干，再摘心形成双主枝，将主枝水平引向两端，主枝上的结果母枝再分别向上，引向行两旁形成 V 形架形。其行距多在 2.5～3 米，主干高 80～100 厘米，生长季通过摘心、修剪分别形成来年的结果母枝。

采用 V 形架时，实行宽行、稀植、高干

V形架

（2）V形小平棚整形。V形小平棚整形是在V形整形的基础上进一步改良形成的一种新的整形方式，它和原来的V形整形不同点在于：葡萄行距由2.5～3.0米增加到5.0～6.0米，主干分枝高度由80～100厘米提高到160～180厘米，并从160～180厘米高度处摘心，促发新梢形成双臂，双臂上发出的新梢相互保持16～18厘米枝距，呈V形引向棚架架面，分别分布在高度为2米的平棚架铁丝网上。V形小平棚整形的优点在于行距大、通风透光良好、果实病害减少；架面大，叶果比高，果实质量好；结果枝部位提高，光照好而且由于果穗着生部位气温提高，葡萄可提早成熟5～7天。这种架形特别适合在大棚和避雨大棚中应用，近年来在全国各地推广很快。但这种架形架面高，在以妇女为主要劳动力的地区，操作不够方便。为此可适当降低分枝高度，降低管理难度。

V形小平棚架整形

注意架面高度，提高工作效率

2.T形棚架整形　T形棚架整形适合在大棚和高度大于3米、跨度大于6米、不下架埋土防寒的设施中应用。其行距应大于4.5米，株距2～2.5米。幼树期每株只留一个主蔓垂直向上进行培养，高度达到1.6～1.8米时进行摘心，促发2个新梢，形成两个向相反两方延伸的主蔓，主蔓两侧每隔30厘米保留一个新梢，并留5～6片叶进行摘心促壮，冬季修剪时在粗度达到0.8厘米处修剪，保留2～3个冬芽，第二年萌芽后选留基部两个健壮新梢作结果母枝，分别绑缚在两边，形成结果枝组，以后每年对枝组进行短梢修剪，对主蔓延长枝进行中梢修剪。

培养副梢成为结果母枝

T形棚架架面大，枝条水平生长，通风透光好，适合于阳光玫瑰，对于个别生长极旺盛的新梢，要注意采用合适的控梢措施，以促进花芽形成和保证正常坐果。T形棚架整形是一种方法简便、容易掌握、结果早、果实品质优良的葡萄架形，尤其在地块较小和庭院栽培时应重视

冬季结果母枝短剪

T形棚架整形第二年结果状

推广这种整形。

3.H形棚架整形　H形棚架整形是一种规则的大架面整形方法。这种整形适合阳光玫瑰在管理条件良好的设施中应用，由于架面大、枝组多，4个分枝分布规则整齐，所以植株生长中庸，坐果良好，树形美观，特别适合在观光栽培中应用。采用H形棚架整形时行、株距应保持在6～8米，而且随着树龄增加和主枝延伸，还要适当间伐，增大株距。

H形整形的方法是幼树期每株只留一个主干垂直向上进行培养，高度达到1.8米时摘心，促发2个新梢，形成一级主蔓，并向相反两方向延伸，一级主蔓上不留分枝，而当一级主蔓长到1.5～1.8米时再次摘心，再次促发2个新梢形成二级主蔓，并将其向与栽植行平行的方向相互反方向绑缚，形成规则的H形枝蔓骨架，在二级主蔓上抽发的副梢每隔20厘米保留一个，并留4～5片叶进行摘心促壮，冬季修剪时保留2～3个冬芽，在粗度达到0.8厘米处修剪，第二年萌芽后选留两个新梢，分别绑缚在两边，形成结果枝组，以后每年进行短梢修剪。H形整形架面宽大、植株生长中庸、通风透光良好，每年进行规则的短梢修剪，结果部位整齐一致、果穗管理方便。在今后智能化管理中有很大的利用价值。但H形整形对整形技术和水肥管理要求较严格、完成整形的时间也较长，各地在应用时要因地制宜。生产上确定葡萄架形要充分考虑到阳光玫瑰生长势强、结果部位容易外移的要采用较大的架形；而对生长势弱、结果部位低的可采用V形架和T形架。应做到因树造型、看枝修剪。

H形棚架整形

阳光玫瑰生长旺盛、直立性强、结果部位外移快，不适宜采用篱架整形。生产上必须注意，防止造成不必要的损失。

长势旺成花少
结果部位上升
接受光照不足
开花时间不一
果实质量降低

阳光玫瑰不宜采用篱架栽培

采用篱架栽培的阳光玫瑰

（二）冬季修剪

视频2　阳光玫瑰冬季修剪要点

葡萄的修剪和整形是一个整体，幼树期间冬季修剪和整形密不可分，而到整形完成进入结果期后，冬季修剪成为维持树形、保持生长和结果的平衡、防止结果部位上升的主要目的和任务。阳光玫瑰生长期长，为了保证生长后期养分充分回流，冬季修剪应在落叶后进行，不能太早，以免影响地上部养分向根系回送。南方冬季温度高的地方，落叶不明显，可在叶柄变黄、叶面变枯后进行修剪。但修剪不能过晚，必须在萌芽前一个月左右完成。

1.幼树的冬季修剪

二年生幼树冬剪：二年生幼树冬剪的主要任务是在上一年管理的基础上，以培养规范化树形为主要目的的修剪。T形整形先剪除主干上所有的毛腿和不必要的分枝，继续培养两个主蔓和主蔓上的结果母枝。主蔓向两侧延伸，在主蔓延长枝前端粗度0.8厘米处选一发育饱满的冬芽，距冬芽外2厘米处剪截，继续向前延伸，主蔓中部和后部的副梢粗度大于0.6厘米时剪留两芽，培养结果母枝。主蔓上两侧每隔20～25厘米培养一个结果母枝。过密和过弱的小枝一律从基部剪除。T形架整个架面的结果母枝呈现鱼刺状排列。

对采用H形架面整形的，当一级主蔓长到1.6～1.8

冬季结果母枝短截

米时，剪除主蔓上的分枝，在主蔓粗度0.8厘米处健壮芽外2厘米处短截，促发二级主蔓。每株上4条主蔓俯视呈H形，除二级主蔓上按每隔18～20厘米留一个壮枝短截外，其余过密枝条全部剪除。若枝条混乱一定要在幼树期及早完成树形矫正，千万注意阳光玫瑰采用H形架时，不允许在一级主蔓上有任何大的分枝，以免造成树形混乱，难以管理。

需要注意幼树冬剪时，若选用主蔓上的芽作为来年结果枝，则全株统一用主蔓上的冬芽；若选用副梢上的芽作为来年结果枝，则全株统一用副梢上的芽进行修剪。一株上尽量不要两种方式混用，防止出现主蔓上芽眼萌发不整齐的情况。如果遇到当年管理不当，整个幼树普遍生长不良时，则宜在主干上选择饱满芽进行短剪，来年继续培养，形成生长健壮、长势一致的主蔓和结果母枝。

2.成龄树的冬季修剪

（1）成龄树冬季修剪的主要任务是维持树形、改善通风透光、调节生长与结果的平衡和营造高效省工的工作环境。阳光玫瑰树冠大、枝蔓密，冬季修剪比较麻烦。因此冬季修剪要实行一看、二剪、三查、四补工作程序。

①一看：即修剪前认真调查当年生长结果状况，看架形、看树势、看相邻树体的生长情况，根据目标产量确定留枝密度和留芽量（负载量），大体确定修剪量的轻重和留芽量的多少。例如T形架，株行距为2米×3米时，每亩约有110棵树，如果定产1 500千克，每棵树定产大约13.5千克，平均每穗重750克时，每棵树就需要18个果穗，按单枝单穗计划，就需要保留至少18个健壮的冬芽来确保产量。这时即可在架面上选定所需的结果母枝进行修剪。

②二剪：修剪时首先剪除病残枝、细弱枝、枯枝、过密枝和徒长枝，然后选留直径在0.8～1.2厘米之间的结果母枝，每个结果母枝留1～2个健壮的冬芽进行短截，使其均匀分布在整个架面

上。使相邻枝间距保持在20厘米左右。如果相邻的两个枝组之间距离大于40厘米，可进行空膛补缺，一般有两种方式。一是拉枝补空：预先在空膛部位前后选健壮的长枝，冬季留5～6个芽，春季萌芽后，贴紧主蔓进行绑扎补空。二是诱发隐芽萌发补空，方法是在未发的隐芽芽位上，用锯条轻轻划破表皮，涂上3%单氰胺加10毫克/千克赤霉素，促发隐芽进行补空。

③三查：每株修剪后再检查一下是否有漏剪、错剪。

④四补：根据检查结果进行补充修剪。

拉枝补空

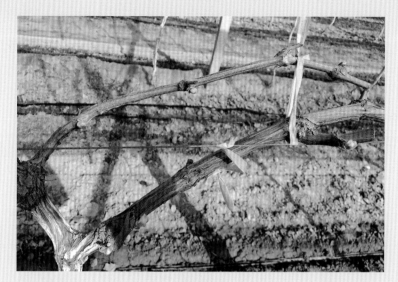
拉枝补空

（2）控制产量。阳光玫瑰容易形成花芽，花芽过多、结果量过大，不但严重影响果实质量，而且容易导致树体早衰。一旦发生早衰很难进行根治。控产要从冬季修剪开始，减少留芽量、控制结果枝数目是调整产量的关键技术。根据阳光玫瑰的结果习性可以估算出在冬季修剪时，每亩留枝量2 000个左右，每枝留芽量2个（不包括基部底芽），基本上可以有效保证产量指标。千万注意冬季修剪时留芽不能过少，否则影响来年产量和效益，同时也绝不能单纯追求产量，留条、留芽过多，这样导致第二年枝蔓生长紊乱，通风透光变差，管理成本增加，果实品质严重降低。控制留芽量是保证阳光玫瑰产品质量和生产效益最关键的环节。

（3）防止结果部位上升。

①单枝更新。阳光玫瑰顶端优势明显，结果部位上升很快，若不加调控，2～3年内结果部位就可上升2米以上，这将给生产管理带来很大的不便，栽培上必须高度重视结果部位的调控。稳定结果部位的方法有两个，一是短截，二是更新修剪。实际上短

截就是单枝更新，它是在一个枝条上每年冬季修剪时，剪去枝条上部，只保留原枝条下部2～3芽，让其作为下一年的结果母枝，阳光玫瑰低节位的芽成花率强，在初结果的1～2年内，完全可以采用这种降低结果部位的修剪办法，但是到结果3～4年后基部芽老化，成花率降低。这时就要培养基部一年生枝作为预备枝，进行双枝更新。

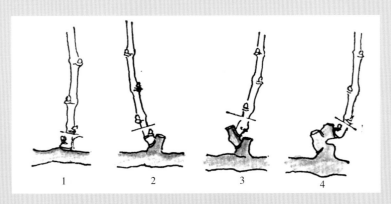

短梢修剪下的单枝更新
1.第一年剪截　2.第二年剪截　3.第三年剪截　4.第四年剪截

结果3～4年后基部芽老化状

②双枝更新。阳光玫瑰结果3年以上时，就要开始采用双枝更新，方法是在枝组上选留两个相近的一年生枝为一组，上面的一个枝条留2～3个芽短剪，作为来年的结果母枝，而下面的另一个枝条剪留1～2个芽，作为预备枝培养。第二年萌芽抽枝后，上面一个枝条上抽生的新梢上的花序保留，作为结果枝，而下边预备枝上新梢上的花序全部疏去，作为预备枝培养。第二年冬剪时，去掉上部已经结过果的枝条，而将下面预备枝上部抽的枝条作为

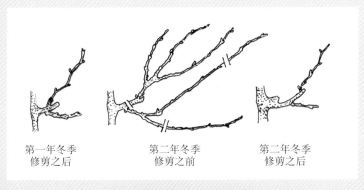

第一年冬季修剪之后　　　第二年冬季修剪之前　　　第二年冬季修剪之后

葡萄双枝更新修剪

单枝更新与双枝更新

结果母枝，而下部的另一个枝条又只留1～2个芽短截，作为预备枝。以后每年依此类推，保持结果部位相对稳定。采用预备枝修剪方法可以防止结果枝部位的上升或外移，但是阳光玫瑰葡萄生长结果到一定的年限后，枝条就会老化，产量逐年下降，此时要及时对主蔓进行回缩更新修剪。

③回缩更新修剪。回缩更新修剪是对树龄较长的多年生老蔓进行更新复壮的一种方法，其具体做法是，当树龄较长、枝蔓生长明显变弱时，在主蔓中下部选生长健壮的枝条作为更新枝，在生长季节进行培养。冬剪时，将已经老化、生长势衰弱的老蔓回缩到下部培养好的健壮更新枝的部位，进行回缩更新。回缩更新修剪具体操作时，要有计划地进行逐步回缩，防止回缩修剪过重，影响更新后第二年的产量，同时要注意，由于回缩修剪的伤口较大，因此不要距所留的更新预备枝太近，防止剪口失水过多，影响更新枝的生长。

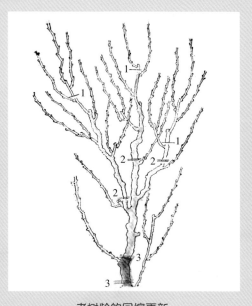

老树龄的回缩更新
1.轻度回缩更新 2.中度回缩更新 3.重度回缩更新

3.成龄树冬剪补空时注意事项

（1）冬季修剪时，对主蔓上有明显枝组空当和缺失的植株，要注意利用同一主蔓上相邻的健壮枝进行补空、补位，确保整株结果母株分布均匀，产量稳定。

（2）尽量选择靠近空当位置前后的当年生枝，根据空当大小，按16～20厘米补一个健壮冬芽，一般可补2～3个节位，选好补空枝条后进行修剪，到第二年芽膨大前再用布条紧靠主蔓进行绑缚。阳光玫瑰枝条硬脆，冬季绑缚容易压断，必须在萌芽前枝条变软有弹性时才可绑缚。

（3）剪口距剪口芽2～3厘米，以保证剪口芽正常萌发和生长。

（4）我国南、北方的气候不同，冬芽的分化状况也不同，要根据各地气候和生长发育情况，灵活掌握修剪和压条补空的时间和强度。

（三）打破休眠促萌处理

阳光玫瑰和其他葡萄品种一样，在萌芽前必须经过一段低温时期才能正常整齐萌芽，这也称为需寒量，阳光玫瑰的需寒量要求较高，萌芽前需要7.2℃以下的低温1 000～1 200小时。我国黄河以北露地栽培，自然低温能满足需寒量的要求，一般不需要特殊处理。但是在南方地区和北方设施栽培时，由于气温较高，葡萄冬芽需寒量不能完全满足，容易造成萌芽不整齐和开花结果不正常，这时就需要采用破眠剂处理补充低温不足，人为打破休眠，促进葡萄提早萌芽和萌芽整齐一致，并有提早成熟的效果，可提早成熟3～5天。处理一般在萌芽前25～30天进行。常用的破眠剂有20%石灰氮或2%单氰胺，为了促进药剂吸收，先在枝干上喷洒清水

萌芽前35天左右涂抹石灰氮进行点芽促萌

把枝条打湿，待枝条上的水分稍微晾干后，再喷施药剂，或在冬芽前1厘米处用小锯刻伤皮层再涂药剂。要做到喷施均匀，喷施石灰氮和单氰胺后应充分灌溉一次，防止空气湿度低发生烧芽现象。石灰氮为固体药剂，单氰胺为液体药剂，两者功能完全一样，选用其中一种即可。单氰胺配制方法相对简单。

单氰胺涂芽

未用石灰氮处理仅枝条先端发芽

用石灰氮处理发芽整齐

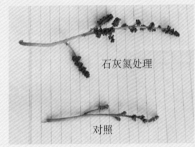
石灰氮处理

对照

石灰氮处理对花序发育的影响

（四）夏季修剪

视频3 阳光玫瑰抹芽定梢技巧

视频4 阳光玫瑰早春抹芽常见的四种情况

视频5 阳光玫瑰定梢绑枝技巧

夏季修剪也称生长季修剪，是阳光玫瑰管理中一项十分重要的工作，包括抹芽、定梢、新梢摘心、副梢处理等。

1.抹芽　抹芽在萌芽后进行，葡萄一个冬芽中可先后萌发出几个新梢，在萌发后要及时抹除芽眼中抽生的弱芽和弱枝，使一个芽眼上只保留一个健壮的新梢。春季晚霜严重的地区，抹芽要推迟到晚霜结束后进行。

2.定梢　当新梢长到15～20厘米，或能明显看到花序时进行定梢，阳光玫瑰枝壮叶茂，在主蔓上每隔20～25厘米保留一个枝组，在枝组上每隔16～20厘米保留一个新梢，南方枝距可稍大，而北方保持在16～18厘米即可。过密、过弱或生长不良的要及时去除。在棚架情况下，每平方米架面可保留10～12个新梢；在V形架情况下，每平方米架面可保留8～12个新梢，保持架面良好的通风透光。

新梢间距16 ～ 18厘米

　　3.新梢摘心　　摘心是在开花前将新梢的梢尖剪掉，以缓和新梢与花穗对营养的争夺，使养分更多转向花穗，以保证花序分化和开花坐果良好。阳光玫瑰实行6 - 5摘心法，第一次在第6片新叶直径长到5 ～ 6厘米时进行，第二次在又长出的新梢上保留5片叶时进行。营养枝也可以实行6 - 8摘心，或长到10片叶时留10片叶一次摘心，促其形成来年的结果母枝。

视频6　阳光玫瑰结果枝摘心、绝后处理、夏芽副梢处理技巧

结果枝第一次留6叶摘心

摘心可提高光合强度49%～ 150%

第一次摘心后新梢长出5片叶后进行第二次摘心

4.副梢处理　　副梢是由叶腋中夏芽萌发形成的枝条,阳光玫瑰副梢生长十分旺盛,要及时进行处理,以防树冠郁闭,影响通风透光。一般副梢在长到4～5叶时,保留2～3片叶进行摘心,过旺的副梢可采取1叶绝后摘心(在摘心的同时,将叶腋中的芽眼一同去除),控制副梢生长。阳光玫瑰是大果粒、优质、浓香型且成熟较晚的品种,但功能叶的有效光合时期只有100天左右。因此,要保证其果实应有的高质量,除要改善光合作用环境条件外,

副梢

冬芽

副梢摘心增加叶果比、促进早成形

必须重视合理利用副梢，增加叶果比，利用副梢叶片来保证果实后期生长和冬芽中花芽分化所需光合产物的补充。

科学合理利用副梢

主蔓副梢留4～5叶摘心

第二年副梢结果状

副梢对果实发育和花芽形成有重要作用

夏季修剪达到架面有透光处、地面有亮光斑

近年来日本对阳光玫瑰的叶果比和果实品质进行过详细研究，结果表明1穗重量为500～550克的果实，其果实品质要达到最佳状态，就必须有23～25片叶来提供光合营养。这就是说叶果比要达到（23～25）：1，才能达到生产优质果的要求。2019—2020年我们对全国阳光玫瑰进行调查，结果表明，虽然也有不少管理良好、叶果比较高的先进典型，但从整体来看叶果比普遍偏低，仅为（11.5～13.2）：1，个别地区仅为（6.0～6.7）：1。提高叶果比已成为提高我国阳光玫瑰质量的关键环节。

2020年我们进行了叶果比对果实质量影响的试验，结果表明在黄河中游地区，阳光玫瑰每亩产量1 500～1 600千克，管理良好的条件下，要使果实含糖量保持在18%以上，叶果比必须大于16，低于14综合品质明显降低。提高叶果比的一个重要途径就是重视副梢，科学合理利用副梢。

对二次副梢常采用化学控梢法以节省人工，方法是用500毫克/千克浓度的缩节胺（甲哌鎓）或矮壮素在二次副梢发生前或刚出现时喷布梢尖，控制二次副梢生长。但要注意控梢剂只能在开花前或套袋后使用，绝不能喷到花序、果穗和果粒上，以免影响开花和果实生长。

立秋后和果实成熟前后，枝叶过密时，可用修枝剪将枝蔓前段的嫩梢剪去，在植株间留出0.3～0.5米宽的光路，改善树冠内的通风透光条件。良好的夏季修剪不仅为枝、叶、花、果、根系生长创造了良好环境，而且为枝条健壮、充分老熟和冬季修剪奠定良好的基础。所以生长季修剪也叫主动修剪，而把冬季修剪称为被动修剪。

（五）抑制光呼吸，提高果实含糖量

光合作用是植物叶片在阳光下制造糖分的过程。而光呼吸是

C3植物在进行光合作用的同时又从旁路呼吸消耗部分糖分的异路。合理抑制光呼吸能明显提高葡萄果实的含糖量。云南建水、陕西宝鸡等地在阳光玫瑰上使用光呼吸拟制剂，果实含糖量平均提高1.0%～1.5%，而且香味更浓。

　　光呼吸抑制剂种类较多，当前主要用以亚硫酸氢钠为主体的复合制剂，应用的方法是在开花前后和幼果生长期，每隔7～10天，在叶片上喷布一次300毫克/升光呼吸抑制剂，连喷2～3次，即可明显提高果实质量。光呼吸抑制剂可以和一般农药和叶面肥混合使用，但不能与强碱性农药混用，也不可以进行土施。

光呼吸抑制剂使用效果

喷施光呼吸抑制剂

短剪过长副梢，打开光路

（六）结果枝、结果母枝环剥

    环剥是调节树体营养分配、促进花芽形成、促进果实上色、提早成熟和提高果实质量的重要措施。阳光玫瑰生长旺盛，环剥效果十分明显。阳光玫瑰环剥在果粒大小基本定形即硬核期或果实开始成熟时进行。结果枝环剥的方法是，在结果母枝或结果枝着生果穗的下方节间，用利刃或环剥刀在枝条表皮（韧皮部）上环切一个宽3毫米左右的环状切口，并将表皮剥去或不剥。让上部叶片制造的养分集中到果穗上，达到优质早熟的目的。对于成龄大树，若植株生长很旺，也可以在主干上进行环剥，而不在每个结果枝上环剥，在主干离地面1米高以上平滑处进行环剥，这样工作效率更高。

环剥时要注意四点：一是时间要合适，不能过早和过晚。在萌芽期、开花期、成熟期不能进行环剥，防止根系缺乏养分供应，造成树体衰弱。二是环剥口宽度以3毫米较为适宜，不要过宽，不要伤及木质部和切断枝条。南方雨水多的地方环剥口用塑料膜包扎。三是对生长弱的植株不要环剥。四是环剥只是调整植株营养的分配，不能代替水肥管理，环剥一定要和良好的农业技术相配合。

用于主干环剥的环剥刀

隔年环剥

五、花序与幼穗管理

（一）花序和果穗修整

　　阳光玫瑰必须严格控产，严格修整花序、果穗，确保真正达到高档果外形秀丽、品质优异的质量标准。

　　修整花序和果穗

　　（1）控产选穗。阳光玫瑰容易成花，若不严格控制产量，势必影响果实质量。控产指标根据树体发育水平和管理状况及市场需求等而定。定穗是在花序展开前后进行，特级优质果每亩产量控制在1 400千克以内，优质果控制在1 600千克左右，一般产品控制在1 750千克，按照市场需要的果实大小，估算出每亩留穗量进行定穗，特级果单穗重550～650克，优质果单穗重850克以内，一般果单穗重1 000克以内。不提倡生产超大粒和超大果穗（超大果粒大于16克，超大果穗大于1 000克）。为了预防各种内外因素对产量的影响，花序留量可比规定留量高出10%～15%。总体来看，优质阳光玫瑰留花序量实行一枝一穗，每亩保留2 000～3 000穗。

花序大小和果穗大小的关系

花序长（厘米）	4.5	5.5	6.5	7.5	8.5	9.5
幼穗长（厘米）	14	16	18	20	22	24
成穗长	20	21	23	25	＞25	＞25
果穗重（克）	550～600	650～700	750～800	＞850	＞900	＞1 000

　　（2）修整花序。是指按生产和市场需求，将花序修剪成一定形状，从而生产出一定形状的葡萄果穗，如圆锥形、圆柱形等。

修整花序在开花前进行，保证花期一致。阳光玫瑰一般为两种果穗类型，修穗方法互不相同。

①圆锥形果穗花序修整：先将花序上部过密、过长的分枝去掉，同时剪去花序前部的穗尖，使整个花序松紧适度、大小适中。阳光玫瑰花序畸形较多，修花序时应及时剪去畸形部分。阳光玫瑰花序不能使用赤霉素拉长处理，可用加强肥水、环剥、重度摘心、用缩节胺控梢或花期喷硼等方法促进花序生长健壮和开花整齐，这也符合生产有机果品和绿色食品要求，而且管理省工，有很大的发展前景。圆锥形商品果穗一般比圆柱形果穗要大，穗重在750～1 000克之间，果穗大小和果实等级标准要根据当地市场要求而定。

圆锥花序整形法

②圆柱形果穗花序修整：主要用在需要用植物生长调节剂处理生产大粒果（单粒重12～16克）和生产无核果上，花序修整方法是在葡萄开花前，花

采用圆锥花序整形法的阳光玫瑰果穗

序充分伸展后，去除花序上部所有分支小穗，只保留花序前端长4.5～5.5厘米，有14～16个小花穗，约等于3个手指的宽度。若花序前端畸形，可剪去前端畸形部分，留后部同样长度的花序。为了标记调节剂处理时间，可在花序上端剪留两个小穗做标记，每用植物生长调节剂处理一次去除一个，或挂彩色标牌做标记，按时进行第二次处理，以防漏处理或重复处理。

圆柱形果穗修穗前

圆柱形果穗修穗后

修穗处理后果穗为圆柱形

视频7 阳光玫瑰花序整形修剪技巧

敲黑板

注意：若遇到花序前端变扁、分叉、大头等畸形花穗，应将畸形部分剪去，选留上部正常的12～15个小花穗。

21～23	成熟果穗长度23厘米
16	幼穗长度16厘米
6	开花前花序长6厘米
4.5～5.5	剪留花序长度4.5～5.5厘米

花穗整形尺

圆柱形花序三指宽

圆柱形幼穗一小扎

圆柱形果穗成熟采收时果穗长度一大扎

（二）果实膨大和无核化处理

　　阳光玫瑰是二倍体有核品种，可以不用植物生长调节剂处理，只通过栽培措施，使其自然膨大，其果粒重7～10克。若要生产大粒果则需要采用相应的措施和植物生长调节剂处理，促进保果、膨大和无核。

粒重7～10克
含糖量16%～18%
香味浓

阳光玫瑰盛花期　　　　阳光玫瑰自然坐果果穗状况

　　注意：由于阳光玫瑰花序对赤霉素十分敏感，因此不宜采用赤霉素拉长花序，而采用花前摘心、水肥调节、花序修剪等方法来拉长花序。

阳光玫瑰花序对赤霉素十分敏感，生产上决不能采用赤霉素拉长花序，否则会造成严重的花序卷曲和落花落果，这一点必须引起栽培者高度重视。

赤霉素处理不当造成花序反卷

1.保果与果实膨大及无核化处理

（1）保果与果实膨大处理。若只要保果和膨大果粒，而不要求无核，一般处理两次，第一次在盛花末期（花序基本全开花，仅在花序尖端3～4个小花未开时）用25毫克/千克赤霉素＋2 000倍展布剂，充分浸蘸花序2～3秒。注意这次浸蘸后不抖穗，让药剂充分吸收。第二次处理在第一次处理后10～12天用25～50毫克/千克赤霉素＋2～3毫克/千克吡效隆＋2 000倍展布剂，充分

◆阳光玫瑰果穗的处理

阳光玫瑰果穗处理分为3种：

（1）不做任何处理，采用有机栽培

（2）只进行膨大处理，不进行无核化处理

（3）进行无核化、保果、膨大处理

各地可根据当地市场需求和栽培者科技基础，选择适当的处理方式。

浸蘸花序2～3秒。注意这次浸蘸后要进行抖穗，吡效隆浓度过高，容易形成空心果，延迟成熟，严重降低果实品质。

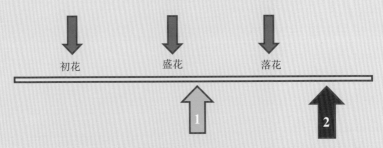

保果与果实膨大处理时期

仅保果与膨大处理的花序

　　（2）无核化处理。二倍体品种阳光玫瑰无核化处理方法与四倍体品种（如巨峰）无核化处理方法截然不同，阳光玫瑰无核化处理的关键，一是要在开花前修整花序，保证花序上的小花开花一致。二是处理时间必须严格掌握在花序满花（是指100%花朵开放）期进行，不得提前或推后。三是植物生长调节剂浓度要严格掌握。第一次保果和无核化处理，药剂用20～25毫克/千克赤霉素＋2 000倍展布剂，充分浸蘸花序2 ～ 3秒。第二次膨大幼果处理，在第一次处理后10 ～ 12天再用25 ～ 50毫克/千克赤霉素＋2 ～ 3毫克/千克吡效隆＋4 000倍保美灵＋2 000倍展布剂，充分浸蘸花序2 ～ 3秒后抖掉多余药液。由于各地气候差异和树体管理不同，药剂的配合和浓度大小可根据试验进行调整。二倍体葡萄无核化处理比较困难，经过处理无核率可达到80%～ 90%，个别果实中可能会残存1 ～ 2粒种子。根据我国关于农产品质量安全的要求，果实膨大和无核化处理严格禁止使用链霉素（SM）。

两次处理法

处理	使用目的	药剂稀释倍数	使用时间	使用方法
第一次处理	保果与无核化	20 ～ 25毫克/千克赤霉素	满花后1 ～ 2天	花穗浸渍
第二次处理	促进果粒膨大	25 ～ 50毫克/千克赤霉素＋2 ～ 3毫克/千克吡效隆＋4 000倍保美灵	保果处理后10 ～ 12天	果穗浸渍

这种处理方式的特点是整个过程只处理两次，节省劳力，在栽培面积大、劳力紧张的地方，可采用这种方法。

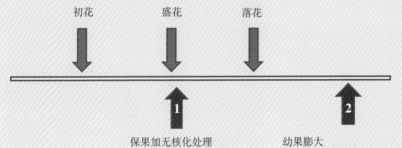

两次处理法时期及方法

◆注意

用两次处理法进行无核化处理时，必须要处理两次，第一次用去核剂加保果剂，第二次用膨大剂膨大果实。

这两次处理的时间和药剂的浓度十分重要，必须严格掌握。若葡萄植株间花期不一致时，要分别进行标注，分期及时进行处理。膨大处理时，为减少用工，可以使用环形喷雾器处理果穗。

第一次处理

满花到满花后1～2天用20～25毫克/千克赤霉素浸蘸幼穗

浸药后不抖掉药液

第二次处理

第一次处理后10～12天用25～50毫克/千克赤霉素＋2～3毫克/千克吡效隆+保美灵4000倍液浸蘸幼穗

浸药后抖掉药液

环形果穗喷雾器喷施药液

收集式环形果穗喷雾器喷施药液

（3）控梢、保果及无核化和膨大三次处理法。阳光玫瑰无核化处理中，用赤霉素诱导无核很难达到绝对无核，这就要求必须严格掌握处理方法、处理时间和药剂浓度，尤其是开花的整齐度（满花）。为此我们采用严格的三次处理法，达到了较高的无核率。三次处理法是把控梢、保果及无核化处理和膨大分开进行，在开花前先进行一次缩节胺控梢处理，满花时进行无核化处理和保果处理，然后在10～12天后再进行一次幼果膨大处理。这种方式要进行三次处理，较费劳力，但处理后无核率较高，可达到90%左右。在对产品质量要求高、劳力充足的地方，可以采用这种方法。

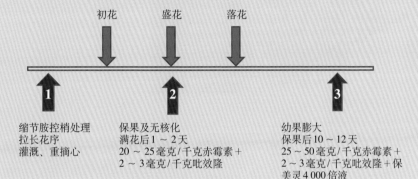

三次处理法时期及方法

三次处理法

处理	使用目的	药剂稀释倍数	使用时间	使用方法
第一次处理	控梢处理	500毫克/千克缩节胺	花前5天至初花	花穗浸渍
第二次处理	保果及无核化	20～25毫克/千克赤霉素	满花后1～2天	花穗浸渍
第三次处理	促进果粒膨大	25～50毫克/千克赤霉素＋2～3毫克/千克吡效隆＋保美灵4 000倍液	保果处理后10～12天	果穗浸渍

保果、膨大和无核化处理时必须注意以下事项：

①树势一定要健壮，冬季采用短梢修剪。

②及时进行花序整形，保证花期整齐一致。

③药剂质量合格，处理浓度、方法准确。

④用植物生长调节剂处理前后肥水要充足，各项配套技术要正确及时。

⑤科学使用植物生长调节剂，防止形成空心果、劣质果。

◆ **认真修整花序、果穗**

要保证阳光玫瑰植物生长调节剂处理后无核率高、果粒的大小整齐一致和果穗美观，必须认真进行两次花序修整、两次幼穗修整。

第一次花序修整在花序伸展后进行，确定可保留的花序；

第二次花序修整在开花前进行，确定果穗形状和大小。

第一次果穗修整在保果处理后进行，使果穗整齐一致；

第二次果穗修整在套袋前进行，使果穗、果粒整齐、美观。

花期不一致时挂不同颜色标志牌区分

药剂处理后挂上标志色牌并记录处理时间

无核化处理后的正常果实

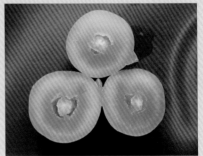

处理不当导致空心、果肉软化

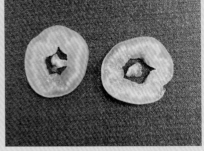

处理不当果实过大空心严重

注意

（1）处理时加吡效隆后，比单用赤霉素果粒重量变大，但成熟延迟。

（2）处理时期过早或花期低温时会出现较多小粒果和小僵果。

（3）若需防治花期病害，无核化处理时可加入咯菌腈、嘧霉胺、喹啉铜等药剂。

（4）进行无核化处理前一定要先做试验，找出适宜当地的处理方法后再推广应用。

植物生长调节剂处理得当果刷正常无落粒

植物生长调节剂处理不当果刷变短落粒严重

调节剂处理后肥水一定要及时配合

（三）幼穗修整

为达到良好的穗形和穗重、单粒重等质量标准，需要在果粒生长

视频8　阳光玫瑰果穗如何打单层

阶段及时对果穗进行修整，一般分为两次进行：第一次在保果处理后1周左右（保果处理后3～5天为生理落果期，生理落果期结束，就能判定植物生长调节剂处理保果的效果），及时进行果穗的第一次整形，也称为果穗打单层。时间在果粒绿豆粒大小时进行，去掉上部多余的小穗和过密、有伤、病虫粒后，将留下的小穗进行修整，确保整个果穗为单层果，给每个果粒留出足够的生长空间。第二次在果实膨大处理后，果粒黄豆粒大小时进行。膨果处理后果穗进入快速生长期，这时已不便进行疏果工作，容易造成碰撞其他果粒导致损害。一般每穗保留60～80粒，果穗长14～16厘米，穗轴上保留14～16个小穗，同时去除僵果、畸形果、病虫果、内膛果和过密果。在膨果之后果穗进入封穗期前，根据生长状况

修穗后的精品果穗形

精品果封穗期果穗

再进行一次检查，去掉一些不合格的小穗和果粒，控制单穗的果粒数量，一般精品果为45～55粒，商品果70～80粒，培养成穗形良好的近圆柱形果穗，将单穗重量控制在750克左右。为了防止刺伤果面，修果剪前端应用砂轮或磨石磨钝磨圆。

植物生长调节剂处理后要适时早修整幼穗

标准果穗　　　　　　　　　　　非标准果穗

（四）果穗套袋

阳光玫瑰为亮绿色，果面光亮无果粉，对果面的洁净和靓丽程度要求非常高。果实套袋技术是提升阳光玫瑰品质的有效手段。

1.果袋选择　阳光玫瑰采用的果袋有多种类型，包括纸袋、膜袋、布袋、纸膜混合袋。从果袋色泽上有蓝色、绿色、棕色、白色和透明袋等，同时又有大、中、小不同规格，各地应根据当地具体情况选择适合的、符合国家标准的果袋，且不应贪图便宜用质量不合格的报纸袋和再生袋，以免造成质量安全隐患。目前生产上常用有色纸袋能减轻果锈的发生，为阳光玫瑰套袋的主流选择，可根据各地区的光照情况选择使用。蓝色果袋较适宜北方地区使用，绿色果袋较适宜南方地区使用，白色果袋一般在设施栽培中使用。白色布袋一般在病虫害严重的地方使用。伞袋一般在观光园和设施大棚内使用。塑料半透明袋在南方多雨的地方使用。

南方用绿色果袋及时套袋保证果面整洁，预防果锈发生

北方用蓝色果袋减轻果锈

光照较弱地区采用透明果袋

2.套袋时间　套袋一般在硬核前期进行，套袋较早，果面干净，病虫害轻，但果粒膨大相对较慢，过早又会造成袋内生长情况判断不明，果穗容易发生日灼，安全程度不好把控；套袋较晚，虽果粒膨大相对较快，但又容易影响果面光洁程度和病虫害发生，但过晚则起不到较好的防控作用。

阳光玫瑰的套袋需在膨果处理、修穗整形工作结束，果实进入封穗期时及时进行。同时要根据当地的气候环境及园区的小气候来确定是需要早套袋还是适当晚套袋。一天中套袋时间在上午或下午气温稍低时进行，中午和雨天不宜套袋。

3.套袋前处理　套袋前进行一次认真的修穗，剔除病虫伤果和小僵粒，然后用药剂蘸果穗，各地根据当地病虫发生实际，选择适当的药剂，常用的药剂配合是3 000 ~ 4 000倍40%咯菌腈或1 500倍40%嘧霉胺 + 3 000倍40%苯醚甲环唑等药剂浸穗，待药液晾干后及时套袋。

同一株上套袋与不套袋果穗外貌对比

4.套袋方法 套袋前用手将果袋充分展开，套袋时细心地将幼穗放入袋中央，从果梗处或两边如折扇式细心收拢袋口，最后将袋口绑在果穗梗基部，使果穗悬在果袋中央，纸袋下部两角两个透气孔完全通透，防止袋内温度过高和湿度过大。套好后认真检查一遍，防止漏套。

在降雨较少、病虫害较轻的设施中可套伞袋，方法是用干净的白色纸（30厘米×30厘米）或打印纸，在纸的中间剪一长10～15厘米的缝，将穗梗穿过，将纸折成伞状，用大头针或订书机固定，形成伞袋，盖住果穗即可。

设施内套伞形果袋

套袋后遇高温加置伞袋预防日灼

六、土、肥、水管理

　　土、肥、水管理是所有农作物管理中最重要、最基本的保证措施。葡萄对土壤养分、土壤氧气含量的需求明显高于其他果树。欧美杂交种葡萄品种生理活性远高于欧亚种葡萄，因此这一类品种对土、肥、水的要求比一般品种明显要高。阳光玫瑰对土壤营养需求有三个明显特点，即需求量大；对土壤养分需求有明显阶段性；对不同元素的吸收和利用有一定的特异性，不同元素之间需要一定的配合比例，不可盲目混配。对此日本和我国都有许多类似报道，但由于栽培环境条件和管理方法有所不同，因此研究结果也有一定差异，但其结果也可以看出阳光玫瑰葡萄对各种营养元素需求规律基本相似。

每生产1吨葡萄所需元素量（引自《世界肥料使用手册》）

大量及中量元素（千克）	微量元素（克）
氮　3.14 ~ 3.36	铁　41.7 ~ 44.8
磷　0.72 ~ 1.4	锰　7.0 ~ 31.5
钾　5.86 ~ 5.92	铜　9.1 ~ 36.4
钙　4.0 ~ 8.16	锌　15.7 ~ 23.4
镁　0.86 ~ 1.0	硼　5.3 ~ 9.1

　　为了保证阳光玫瑰葡萄的健壮生长和产品质量，在控产提质、加强病虫防治的同时，更要重视对树体营养的科学供给和保持土壤疏松（保证氧气含量），要在土壤分析、叶柄分析的基础上，实行精准施肥、配方施肥、平衡施肥、水肥

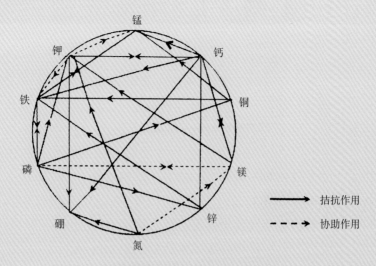

科学施肥（元素之间的拮抗与协助）

良好葡萄园土壤标准

有机质含量 >3%

全氮含量 >0.2%，速效氮 150 毫克/千克

全磷含量 >0.1%，速效磷 10 ~ 30 毫克/千克

全钾含量 >2.0%，速效钾 150 ~ 200 毫克/千克

总孔隙度 60% 左右，最低通气度 20% 左右

水稳性团粒总量 60% 左右

土壤气相 30%，土壤氧气含量 ≥ 11%

土壤持水量 60% ~ 70%

土壤 pH 6.5 ~ 7.5(>6.2，<8.2)

EC 0.028 ~ 0.064 西门子/米 (<0.089)

盐分含量 <0.13%

一体化。尤其要重视底肥（有机肥）、钙肥和微量元素肥料的合理应用。

对阳光玫瑰的肥水管理，可分为新栽幼树和成龄结果树两个不同阶段。

（一）栽前准备及新栽幼树土、肥、水管理

（1）选择适宜的栽植地点。阳光玫瑰幼树期生长十分旺盛，栽前必须注意认真调查研究，选择土壤疏松、阳光充足、有良好灌溉条件、无任何污染的地方。对于存在不良环境因素的地方必须提前进行认真改良。北方地区要重视盐碱土的改良，南方和地下水位高及多雨地区要提倡高垄栽植及建立完善的排灌系统，严防生长季土壤积水。葡萄栽前定植沟的挖设是土壤改良中最为关键的一环，有条件的地方提倡根域限制栽培。

（2）苗木栽植后，要及时灌溉，促进幼树健壮生长。萌芽后根据土壤墒情，及时进行水分补充，还可以采用秸秆、薄膜进行定植行覆盖。在苗木未长出卷须前，不再盲目施肥。

（3）幼苗长出卷须后，开始进行肥水补充，以高氮、高磷肥料为主，如尿素、过磷酸钙等。开始时每亩施用量2.5千克，逐步增加至5千克，单次施肥每亩不宜超过6千克，每7～10天1次，一般施2～3次。施肥时，一注意用量；二注意施肥位置，从距离主干30厘米开始，逐渐往外扩展；三注意肥水同补，施肥必须浇水，保持土壤墒情，注意排水，避免积水。

（4）叶面喷施尿素、磷酸二氢钾等，浓度为0.4%左右，可促进叶片直接吸收，提高养分利用率。

（5）进入7—8月，注意控制氮肥的施入，而改为以磷、钾肥为主，加速枝条的老熟和木质化及养分积累。

不同葡萄品种对肥料的需求量

品种类型	代表品种	全年施肥方案（建议）
需肥量大	阳光玫瑰 红地球 藤稔 SO4砧	全年需氮35～40千克、磷20～25千克、钾40～45千克，具体施肥方案如下：纯腐熟畜禽粪1 500～2 000千克、尿素20千克、普钙50千克、氮磷钾复合肥60～80千克、钾肥40～50千克
需肥量中	巨峰 巨玫瑰 红巴拉多 金手指	全年需氮25～30千克、磷10～15千克、钾30～35千克，具体施肥方案如下：纯腐熟畜禽粪1 200～1 500千克、尿素10千克、普钙50千克、氮磷钾复合肥40～50千克、钾肥40～50千克
需肥量较小	夏黑 理扎马特 美人指 克瑞森无核	全年需氮20～25千克、磷10千克、钾15～25千克，具体施肥方案如下：纯腐熟畜禽粪1 000～1 200千克、普钙40千克、氮磷钾复合肥20～30千克、钾肥30～40千克

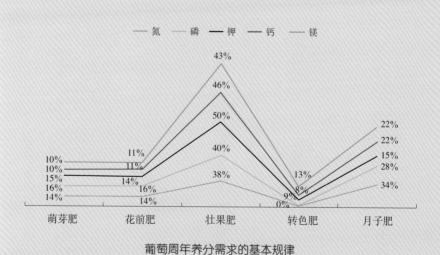

葡萄周年养分需求的基本规律

（二）结果树的土、肥、水管理

1.基肥　阳光玫瑰葡萄幼树结果2～3年后，就进入盛果期，根据现有资料，阳光玫瑰的盛果期可以维持20年以上，这一阶段是阳光玫瑰结果稳定、品质最好的时期，做好树体土、肥、水管理对生产出优质果实有决定性作用。以基肥为主，做到早、深、足、全、匀、水。基肥也称底肥或秋肥，是土、肥、水管理中最重要的一个环节，葡萄根系没有截然的休眠，只要环境适宜周年都可以进行生命活动，充足良好的底肥不仅为葡萄提供充足的养分，而且给改良土壤结构、促进土壤微生物活动及葡萄根系生长提供了可靠保证。

早：底肥要早施，一般在当地气温由夏季高温降低到22℃后就可开始施用，这时挖沟施肥时，被伤断的根系能很快恢复并发出新根。在入冬前能充分老熟，且不易受冻，同时也能吸收部分营养贮藏在体内，这就增加了葡萄越冬的抗寒力，更有助于第二年的萌芽与开花。北方地区秋施底肥大约从9月中旬开始到10月

备足底肥（斤果二斤肥）

上中旬结束，南方地区从10月上中旬开始到11月上旬结束，不宜过晚。北方农民形容施底肥的时间是8月（农历）施肥是金，9月（农历）施肥是银，说的就是这个道理。阳光玫瑰是晚熟品种，9月施肥时有些地方葡萄还没有采收，这时挖沟施肥后要注意及时覆土盖沟，保护好葡萄根系。

深：葡萄底肥关系到葡萄全年生长和引导根系向更深更广的区域伸展，因此要求施肥沟尽量深一些，宽一些。生产上除定植沟深度要求以外，以后各年的底肥施肥沟深度应在30～40厘米及以上。在北方较冷和较干旱地区还要更深些，而在南方地下水位高的地方，则要在表土上堆土成垄，实行垄栽，

地下水位高时实行垄栽

使根系有充足的土壤活动区域。

足：底肥是一种缓释肥，要保证供应葡萄全年生长所需肥料营养和土壤结构的改善和平衡，加上葡萄本身需肥量较大，因此底肥的使用量一定要足，尤其是有机肥，必须保证足量施肥。

全：底肥十分重要，承担着葡萄生长、结果、抗逆性等多种功能形成的基础作用。需要的元素成分复杂而众多，在使用时必须结合当地实际，进行合理搭配施足施饱。

匀：肥料营养只有在和根系充分接触时才能被葡萄吸收，施底肥时必须将肥料和施肥沟中的土混合均匀，充分发挥每种肥料的作用。如施用EM生物菌肥时，一定要把菌肥和有机肥事先充分混合拌匀。

水：肥料只有溶解在水中葡萄组织才能吸收利用，施完肥后必须及时灌水。若施肥时阳光玫瑰葡萄还没有采收，则应及时在施肥沟上撒土覆盖，并适当灌水，待采收后补充一次灌水。南方地区后期阴雨过多，施底肥应抓紧时机在天晴时进行，是否灌水要根据实际情况，防止水涝。水分供应对阳光玫瑰有至关重要的作用，从萌芽到落叶都离不开水分，最关键的需水时间一是萌芽前到新梢生长期，二是坐果后到硬核期，三是冬季休眠期。这三个时期若气候干旱，必须进行认真灌溉。而在开花期和果实成熟期则要保持相对干旱。尤其是果实膨大期必须保证充足均匀的水分供应。多地试验表明，根域限制栽培和水肥一体化相结合，采用滴灌和小管微喷的办法，每亩大棚葡萄园全年总供水量280～285米^3。

冬灌有十分重要的作用，不仅保证葡萄一年中水分和养分的均衡供应，而且对改良土壤结构、防止土壤盐碱化、杀灭越冬病虫和防止根系冻害等都有十分重要的作用。冬灌在土壤上冻前进行，灌水量要充足，晚秋多雨地区灌水量可以适当调控。

在阳光玫瑰成熟期降雨较多的地区，要注意实行垄栽和排涝，防止因水分过多造成的不良影响。

萌芽前设施内喷水促进萌芽

良好的土壤水分管理

大力推行葡萄园水肥一体化管理

2.追肥　追肥是对底肥的一种补充，在全年的施肥量中，底肥的施肥量要占到总施肥量的70%～75%，而追肥占到总施肥量的25%～30%。追肥是根据葡萄不同发育阶段和遇到特殊情况时进行的营养紧急补充，因此追肥施用的肥料全是充分腐熟的液态有机肥和速效化肥，施肥方法除了土施外还可采用注射法、冲施法和叶面喷施等，达到迅速补充营养的目的。生产上常用的追肥有促芽壮梢肥、促花保果肥、膨果肥、月子肥等，各地根据当地实际情况，决定是否采用。

（1）促芽壮梢肥。阳光玫瑰是一个从萌芽到成熟都需要健壮旺盛生长的品种，尤其萌芽要整齐，新梢、幼叶、花序要茁壮，若上一年秋冬管理不良或春季遇低温、干旱的影响，就需要萌芽前后追施肥水。常用的尿素或磷酸二铵每亩可施20千克左右，并加入适量的促根养根类腐殖酸、海藻酸等生物菌肥。这次施肥一般在萌芽前10天左右进行，同时配合春灌。有滴灌条件的可以通过滴灌施入冲施肥。若秋季底肥施用充足，冬灌充分，此次施肥可以适当减量。近年来北方地区阳光玫瑰开花前黄化病日趋严重，这和土壤盐碱化、缺乏二价铁元素密切相关，除要加强盐碱土改良和水分管理外，从3～4叶期开始就要防治黄化病，每隔3～5天，叶面喷施0.4%硫酸亚铁或螯合铁＋0.3%尿素和300倍食用醋，直到症状消退。

（2）促花保果肥。阳光玫瑰花期要保持适度干燥，以利于开花授粉。除开花前过分干旱外，一般不施肥灌水，但在花期一定要喷施硼肥和锌肥，喷硼时间是开花初期到盛花期，常用0.4%硼砂或专用高能硼肥。喷锌时间是盛花后到坐果，常用0.4%硫酸锌或螯合态锌肥，以利授粉和坐果。

（3）膨果肥。开花坐果后，阳光玫瑰果实进入第一个迅速生长期，同时根、叶也进入迅速生长期，这时对营养的需求进入一年中最高峰，也称水肥临界期，必须重视水肥的补充。这次施肥对当年生长和结果以及第二年花芽分化均有十分重要的作用。当进行完果实膨大处理后，一定要抓紧时间追施幼果膨大肥。前期用充分腐熟的速效有机肥每株20～25千克，高氮、中磷、低钾复合肥每亩10～20千克，10～15天一次，连续2～3次。这一阶段中后期补充钙肥十分重要，对提高果实质量和预防日灼关系重大。钙肥选用质量高的高能钙、糖醇钙、螯合钙，千万不要单纯用石灰代替钙肥。这一阶段施肥要勤施少施，最好5～7天施一次（施肥量适当减少），采用滴灌、微喷和水肥一体化的葡萄园要根据实际情况确定施肥间隔期。但每次每亩用肥量不要超过10千克，灌溉液体肥浓度不要超过0.6%。

南方酸性土地区，容易发生缺镁黄化症状，在用钾肥过多的地方尤为突出。这时就应尽快补施镁肥，叶面喷施0.4%硫酸镁、钙镁磷肥等予以矫治。

阳光玫瑰根系活动旺盛，疏松的土壤和充足的土壤含氧量，对保证阳光玫瑰的产量和质量有十分重要的作用，在阳光玫瑰生长的整个阶段，要注意采用各种综合技术，保证树盘内土壤肥沃、疏松、水分适度和充足的土壤含氧量，这是管好阳光玫瑰的重要诀窍。

阳光玫瑰的果实进入二次膨果阶段，果实开始增糖增香，果皮开始变亮，生产上要注意及时喷施磷钾肥和钙镁肥。此时期要注意控制水分和氮肥的施用。一般在果实成熟采收前15～20天停止喷药喷肥，保证果实质量安全。

（4）月子肥。葡萄采果后叶片未黄化前，及时施用月子肥，以恢复树势，增强树体越冬抗寒能力。月子肥以速效性氮肥、钾肥为主，叶面喷施为主。

葡萄土、肥、水管理是一个复杂的动态工程，科学合理的土、肥、水管理，要以葡萄园土壤分析、叶柄分析和环境分析等因素为依据综合评判，制定出全年土、肥、水管理方案。目前我国上海、江苏、浙江、云南等地已建立多个葡萄园土、肥、水人工智能管理示范园，取得了良好的管理效果。人工智能化管理是我国葡萄现代化栽培必由之路，不仅能科学合理地管控葡萄生长与结果，而且可以大幅度减少葡萄园人工管理成本和生产资料消耗，是发展高效农业的重要组成部分，在有条件的地方开展研究和示范，可为今后大范围应用和推广奠定基础。

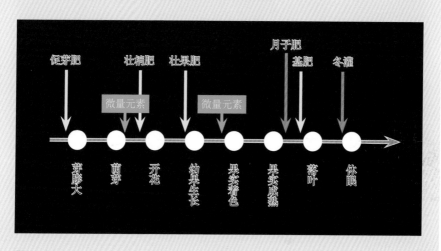

◆阳光玫瑰在亩产1500千克的情况下每年建议施肥量：

纯有机肥3 ~ 5吨

尿素或磷酸二铵20 ~ 30千克

过磷酸钙或钙镁磷肥50千克

硫酸钾20 ~ 30千克

硫酸镁15 ~ 20千克

硼肥2千克

硫酸亚铁2 ~ 3千克（根据土壤情况而定）

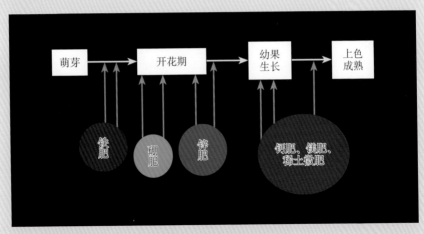

部分微量、中量元素施用时期

阳光玫瑰施肥安排

总比例 NPK（1：0.5：1.2）		NPK（40：20：48）	每亩全年用量（kg）
基肥	秋后22℃时早施	腐熟有机肥	每500克果1千克肥 过磷酸钙50千克
促芽肥	萌芽前半月、或封膜后及时施用	复合肥或尿素生根养根	每亩10千克
壮梢肥	新梢30厘米时，根据情况确定是否施用	复合肥或尿素	每亩5～7.5千克
第一次膨果肥	坐果后7～10天一次，共3～4次	高氮或平衡型水溶肥、海藻肥、腐殖酸肥	每亩15～25千克
第二次膨果肥	始花后60天、第二次膨大期	控制氮肥，以钾肥为主	每亩10～20千克或喷施磷酸二氢钾
月子肥	采果后立即喷施		0.5%尿素喷施

合理施用追肥

追肥时间	肥料组成	备注
萌芽前（促芽肥）	氮、磷、钾、硼适当配合	注意肥料养分配比

追肥时间	肥料组成	备注
开花期、幼果膨大期	氮、磷、钾、硼适当配合，注意锌肥、钙肥的应用	花期喷施硼、锌肥，坐果后及时补钙、补镁
转色初期（促果肥）	以钾肥、钙肥为主	与环剥、控副梢结合
采收后（月子肥）	以氮肥、钾肥为主	采收后及时喷施

果园生草、微喷保湿栽培

葡萄大棚智能化管理数据处理箱

七、病虫害防治

阳光玫瑰是一个典型的欧美杂交种品种，生长健壮，幼梢、幼叶密被茸毛，刚开始推广时被认为是一个抗性强的品种，但随着栽培区域的扩大和病虫害防治疏忽等多方面的原因，造成近年来病虫害日益增多和加重。甚至一些病害、虫害严重程度超过一般品种，如病毒病、溃疡病、蚜虫等。高度重视病虫害防治已成为阳光玫瑰发展中一项十分重要的工作。

阳光玫瑰病虫害防治是一项复杂的系统工程，必须坚决执行预防为主、综合防治的原则。实行以农业技术综合防治为主体的防治体系，彻底纠正重治轻防、重药轻管、滥用农药的错误倾向，确保阳光玫瑰的健康栽培和可持续发展。

（一）常见侵染性病害及防治

1.病毒病　病毒病是阳光玫瑰的重要病害，在鲜食葡萄品种中，阳光玫瑰的病毒病明显重于其他品种，特别是在管理不当、树势较弱的幼树上表现尤为明显，严重影响幼树生长。目前已发现危害阳光玫瑰的病毒有30多种，病毒危害后常常引起植株畸形、叶片变小、变色、黄化、皱缩，组织坏死等。

视频9　阳光玫瑰病毒病的管理

一些蚜虫、线虫等可以传播植物病毒，葡萄繁殖材料（砧木、接穗、苗木）也是传播病毒的主要载体。环境不良、管理不善往往造成病毒病的大发生。

防治方法：由于病毒的特殊性，目前防治病毒尚无有效药剂，主要是预防病毒传播和发生。

（1）把好引种关，选用脱毒苗木进行栽培。

（2）做好病虫防控，尤其前期对蚜虫、绿盲蝽等刺吸式害虫的防控。

（3）从展叶期开始，及时选用氨基寡糖素、盐酸吗啉胍、病毒钝化剂等药剂进行喷雾处理，交替轮换使用，连喷3～4次，预防病毒病发生。同时可以适当增加氨基酸、锌肥的叶面补充，促进叶片生长和新梢健壮。

（4）对发病严重的幼苗，应及早全株拔除销毁，并对栽植穴进行换土，另栽健壮苗木。对成龄树偶然发生病毒病的枝条要及时剪除或从健壮处短截重新促发新壮枝条，并喷施相应的药剂。

病毒病症状

2.灰霉病　灰霉病是一种潜伏性病害，病原菌寄主范围很广，几乎可侵染所有农作物和杂草，在4～30℃之间均可侵染。以23～25℃、空气相对湿度≥80%时发病最快。阳光玫瑰大多采用设施避雨栽培，环境条件适合灰霉病的传播。灰霉病菌以分生孢子和菌核在病枝、冬芽上越冬。翌年春季在气候适宜时，越冬的病原菌产生新的分生孢子，靠风雨传播，病原菌主要通过伤口和皮孔侵染。

在设施栽培中，灰霉病有三个明显的发病高峰期。第一个时期是在葡萄开花前至谢花后，这时设施内高湿的环境为病菌的繁殖和发病创造了条件。植株感病后会造成葡萄花穗腐烂，成为葡萄生长前期的一种毁灭性病害。第二个时期是在葡萄成熟期，从开始转熟到充分成熟均能侵染发病。受灰霉病侵染的葡萄果实正常生理代谢受到破坏，芳香物质的含量减少，品质变劣。发病后期，果实上常常出现厚厚一层明显的鼠灰色霉状物，严重影响葡萄的外观。葡萄叶片感染灰霉病后，常先形成不规则的灰黑色病斑，叶背有鼠灰色霉层，严重时引起叶片早

灰霉病症状

落，落地后病斑形成黑色块状菌核。灰霉病也是阳光玫瑰采收后和贮藏中一种重要病害，常常造成果实大量腐烂。

防治方法：

（1）加强设施内栽培管理，清除杂草，随时剪除并销毁感病的枝、叶、花、果。合理调控水肥和温度，注意水分状况，防止枝梢徒长，并注意及时摘心、定枝，改善设施内通风透光条件。

（2）冬剪后，及时使用愈合剂进行剪口封闭，有效抑制剪口伤流，阻断病菌侵染通道。

（3）萌芽前，仔细喷布5波美度石硫合剂，杀灭越冬菌源。

（4）开花前、谢花后和套袋前及时喷施防治灰霉病药剂有效阻断病菌侵染传播，常用药剂有800倍40%嘧霉胺悬浮剂（施佳乐）、4 000倍40%咯菌腈悬浮剂（卉太朗）、2 000倍50%腐霉利可湿性粉剂（速克灵）和1 000倍50%异菌脲可湿性粉剂（扑海因）、1 500倍50%啶酰菌胺水分散粒剂（凯泽）等。开花期前、落花后和套袋前的这三次喷药十分重要，设施大棚结构严密时可采用烟雾剂、粉尘剂提高防治效果。同时要注意轮换用药，防止病菌产生抗药性。

（5）花期前后用生长调节剂处理花序和幼穗时，可在调节剂中加入1 000倍40%嘧霉胺悬浮剂（施佳乐）或4 000倍40%咯菌腈悬浮剂（卉太朗），一并进行处理，能同时起到防治灰霉病、穗轴褐枯病的作用。

（6）灰霉病也是葡萄贮藏期的一种常发病，对用于贮藏的葡萄果穗，在果实采收前在果穗上喷一次4 000倍40%咯菌腈悬浮剂（卉太朗），晾干后再采摘，包装时再用经过二氧化硫处理或用含碘化钾的包装纸包装，能有效控制贮藏期灰霉病的发生。

（7）灰霉病是一种多寄主传染病害，许多植物，尤其是杂草、蔬菜等十分容易感染灰霉病，因此在防治时除慎重选择间作物外，一定要同时对间作物进行防治。

3.白粉病　阳光玫瑰在设施大棚中栽培时，由于设施内特有的密闭闷热环境，白粉病成为阳光玫瑰葡萄一种主要的常发病，而且发病时期明显提前，对阳光玫瑰生长和结果影响极大。

白粉病主要危害葡萄叶片和幼果，病菌在枝蔓芽内越冬，葡萄萌芽后病菌产生分生孢子。白粉病在高温、闷热及通风不良的情况下常常迅速发生，叶面上形成白色粉状霉层，抹除霉层叶面呈黑色蛛纹状，严重时整个叶片受害，致使叶片卷曲枯萎。果实发病时果面出现灰白色粉状物，并有黑色煤灰状小粉粒，穗梗感病后变脆，果粒感病后停止生长，常常造成裂果、果穗畸形、枯萎，果肉质地变硬、变酸或诱发酸腐病。植株叶片、新梢及果穗穗轴均可感病。

白粉病病果　　　　　　　　　　白粉病病叶

防治方法：

（1）彻底清园，每年冬季修剪时和生长期，随时剪除感病的枝、叶、果并彻底销毁。

（2）重视预防，发芽前植株全面喷布5波美度石硫合剂，铲除越冬病源。2～3叶期和幼果期，喷布1 500倍25%嘧菌酯或25%乙嘧酚等均有良好的效果。

（3）加强检查，在发病初期及时喷布1 000～1 500倍25%乙嘧酚或400倍硫黄胶悬剂、800倍70%甲基硫菌灵可湿性粉剂或

1 500倍15%三唑酮可湿性粉剂（粉锈宁）、1 500倍12.5%腈菌唑可湿性粉剂、1 000倍32.5%苯甲·嘧菌酯悬浮剂（阿米妙收）等药剂，并在半个月后连续再喷一次，均有良好的防治效果。

（4）白粉病发生后常继发裂果和酸腐病，应注意采用相应防治措施。

（5）由于阳光玫瑰对果面要求极高，任何污染都会给果实外观造成不良影响，因此从采收前20天开始，禁止在果面上喷洒任何能造成斑痕的农药和化肥。

4.霜霉病　霜霉病是葡萄生产中最主要的流行性病害，发病突然，传播快。在高温高湿的环境条件下最易发病。露天栽培发病更为严重，避雨栽培发病明显减轻。但在采收揭膜后放松管理的情况下，往往严重发生，甚至造成叶片过早脱落，对第二年生长结果影响很大，霜霉病是阳光玫瑰栽培中必须重视防治的病害。

霜霉病的病原菌在葡萄架下的土壤里越冬，第二年靠风雨传播，危害植株的所有绿色部分，以叶片受害最为明显。叶片受害后，叶正面初生褐色小点，逐渐扩展为黄褐色多角形不规则病斑，叶背面形成白色霜状霉层，后期病斑颜色逐渐加深变褐，多块病斑连接在一起，造成叶片干枯提早脱落。严重时造成光合产物减少，致使葡萄枝蔓和果实不能正常成熟，并严重影响花芽分化和下一年的生长及结果。危害严重时，造成枝蔓大量干枯，整个葡萄植株死亡。

防治方法：

（1）重视清园，及时清理并销毁所有枯枝落叶，减少越冬病源，葡萄发芽前用5波美度石硫合剂喷布葡萄枝蔓，杀灭越冬的病原菌。

（2）预防为主，全年保持葡萄园良好的通风透光，防止田间空气湿度过大，枝蔓过密。合理控产，增强树势。萌芽前全株及树盘喷布5波美度石硫合剂，杀灭越冬菌源。铜制剂对霜霉病有良好的防治效果，从葡萄2～3叶时开始，每隔10～12天喷一次600～800倍78%波尔·锰锌可湿性粉剂（科博），或2000倍33.5%喹啉铜悬浮剂，或1000～1500倍700克/升王铜悬浮剂有良好的预防效果。

（3）合理用药，及时控制发病中心，霜霉病是一种发病突然、传播很快的流行性病害。在刚发生时，有明显的发病中心，要抓

霜霉病幼果症状

霜霉病叶片症状

紧时机，对发病中心的植株进行彻底治疗，这对控制霜霉病发生有很重要的作用，对刚发病的植株应剪除病叶、病枝，彻底销毁，立即喷布1 500倍40%烯酰吗啉悬浮剂（安泺），或2 000倍48%烯酰·氰霜唑悬浮剂（道泽），或1 500倍40%烯酰·霜脲氰悬浮剂，或2 000倍10%氟噻唑吡乙酮油悬浮剂（增威赢绿）等。以后每半个月喷布一次，有良好的控制和防治效果。在使用防治药剂时，不能只单纯使用一种药剂，要注意轮换用药，防止

霜霉病侵蚀花穗

病原菌产生抗药性。生产上也可以用40%三乙膦酸铝可湿性粉剂300倍液加适量高锰酸钾混合喷施，可同时预防其他病害。喷药时要重点喷布叶片的背面。还可在发病前用250倍72%甲霜·锰锌可湿性粉剂灌根，每株用药液200毫升，有显著的防病效果。嘧菌酯是一种对霜霉病等多种葡萄病害有良好预防、治疗、铲除作用的药剂，可用2 000倍50%嘧菌酯水分散粒剂在2～3叶期和花前、花后进行喷药预防，防病效果十分明显。

除此以外，碱式硫酸铜、代森锰锌等对防治霜霉病也有良好的效果，而且可以兼治其他病害，可根据各地实际情况进行选用。

5.炭疽病　炭疽病是一种潜伏性病害，也称晚腐病，在幼果期侵染，葡萄开始成熟时才出现明显症状，在果实上常发。阳光玫瑰果实含糖量高，较易感染炭疽病。设施中温湿度高，葡萄成熟早，所以炭疽病发生也比露天要早。在设施栽培中炭疽病侵染葡萄花序和花梗，使花序呈黑褐色腐烂，但炭疽病最突出的是侵

染果粒，果粒上发病时，先出现水渍状褐色斑点，以后扩展凹陷，病斑出现同心轮纹状的小黑点，在潮湿的情况下产生锈红色分生孢子团，十分容易识别。果实感病后丧失食用价值。

炭疽病症状

防治方法：

（1）认真清园。炭疽病菌在上一年的结果母枝上越冬，因此彻底清除病枝、残枝和萌芽前仔细在结果母枝上喷洒铲除剂，如3～5波美度石硫合剂，对防止病害发生有十分重要的作用。

（2）炭疽病菌有潜伏侵染的特性，因此在前一年发生过炭疽病的园区中，在葡萄2～3叶期时要全面仔细喷布一次1 500倍35%苯甲·嘧菌酯悬浮剂（阿米达）或1 500倍45%吡唑·甲硫悬浮剂（云保泰），防止病菌初侵染。

（3）果实套袋前或初发病时迅速喷布1 000倍50%咪酰胺锰盐乳油或3 000～4 000倍40%苯醚甲环唑悬浮剂（赛高）等药物，也能有效控制炭疽病的发生，但要注意溴菌腈在阳光玫瑰幼果期要慎用，防止药害。

（4）及早实行果穗药剂处理和及时套袋是防治炭疽病等果实病害的有效措施。

6.锈病　葡萄锈病以往只发生在我国南方高温、高湿地区，在北方地区很少发生，但近年来在葡萄设施栽培中，尤其是南方设施栽培中，锈病已经成为生长后期常发的病害。锈病主要危害叶片，使叶片枯黄落叶，严重时造成叶片光合作用减退，使果粒

锈病叶片症状

成熟推迟、品质下降并严重影响花芽分化和来年的产量。锈病主要发生在热带、亚热带地区，低光照、高湿度是病菌夏孢子萌发的必要条件。阳光玫瑰容易感染锈病。

叶片感病后，叶背出现锈黄色斑点，并形成粉状夏孢子堆，通常布满大部分叶片，发病后期病斑变为黑褐色，并在夏孢子堆

附近出现黑褐色冬孢子堆。锈病主要发生在成熟叶片上，一般先从下部叶片开始发病，这是锈病和其他病害的明显不同之处。

防治方法：

（1）做好清园和越冬期防治，萌芽前认真喷一次3～5波美度石硫合剂。

（2）加强管理，施足底肥，保持良好生长势，发病时及时清除病叶。

（3）刚发病时立即喷药，注意重点喷到植株下部的叶片和叶背面。主要药剂为0.2～0.3波美度石硫合剂、15%三唑酮可湿性粉剂1 500倍液（粉锈宁）、多硫胶悬剂（多菌灵与胶体硫的混合剂）300～500倍液，隔15～20天喷布一次，均能有效防治锈病的发生。

7.穗轴褐枯病 葡萄穗轴褐枯病是阳光玫瑰花期发生的一种主要病害，在开花前后的花序、幼穗的穗轴上易发病，穗轴老化后一般不易发病。发病初期幼果穗的穗轴分枝上产生褐色的水渍状小斑点，并迅速向四周扩展，使整个分枝穗轴变褐枯死，不久失水干枯，变为黑褐色，有时在病部表面产生黑色霉状物，果穗随之萎缩脱落，发病后期干枯的分枝穗轴往往从分枝处被风吹断。幼果发病时，形成圆形的深褐色至黑色小斑点，直径约2毫米，病变仅限于果粒表面，随果粒长大，病斑变成疮痂状，不再扩大。

开花期低温、高湿、穗轴幼嫩时，病菌容易侵染。管理不善及老弱树发病重，管理精细及幼树发病较轻。

防治方法：

（1）改善设施内通风透光条件，开花前后设施内保持相对较为干燥的环境对减少花期病害的发生有重要的作用。

（2）葡萄开花前后是防治穗轴褐枯病的关键时期，一般在花序分离期和开花后1周各喷一次600倍50%多菌灵可湿性粉剂、1 000倍50%异菌脲可湿性粉剂（扑海因）、1 500倍45%吡唑·甲

穗轴褐枯病症状

硫灵悬浮剂（云保泰）等，均有良好的防治效果。开花期过后穗轴褐枯病很少发生。

（3）在葡萄花期进行植物生长调节剂处理时，药剂中加入4 000倍40%咯菌腈悬浮剂（卉太朗）可以同时防治穗轴褐枯病和灰霉病。

8.溃疡病　溃疡病是近10年来我国葡萄上新发生，而且传播快、危害严重的一种新病害，由葡萄座腔菌引起，引起果实腐烂、枝条溃疡，严重时导致裂果、烂果和枝干枯死，病菌主要通过雨水传播。

在果实转熟期，感病穗轴出现黑褐色病斑，向下发展引起果梗干枯，致使果粒腐烂脱落，有时果粒不脱落，逐渐在果穗上干缩；感病的新梢、茎秆及穗轴上出现灰白色梭形病斑，病斑上着生许多黑色小点，横切病枝条维管束可见变褐；有时叶片上也表现出叶肉变黄呈斑块状。

北方地区4—7月为主要发病期，南方地区发病时间会更早一些。田间湿度大更易发病。葡萄溃疡病属于弱寄生性真菌，

溃疡病症状

发病程度与树势、挂果量、水肥管理等密切相关，树势弱、挂果量大、偏施氮肥、环境差、管理不良的果园发病重。病原菌可以在病枝、病果等病组织上越冬越夏，潜伏侵染，目前对溃疡病的发生规律和防治方法研究尚不充分。近期有研究报道，过度使用植物生长调节剂和溃疡病发生有密切关系。

防治方法：

（1）培养健壮树体，加强水肥管理是基础。注意全年清园，彻底销毁病穗、病枝、病叶。春季萌芽前，用3～5波美度石硫合剂全园均匀喷洒，包括地面、铁丝、架材也要喷洒到位。

（2）预防为主，综合防治。全年预防，开花前、果实生长期、封穗套袋前及转熟期是关键防治时期。

（3）严格控产，科学合理使用植物生长调节剂，避免诱发溃疡病。

（4）一旦发现溃疡病，及时剪除发病果实，严重时整串剪掉，

然后用1 500倍45%吡唑·甲硫灵悬浮剂（云保泰）＋3 000倍40%己唑醇悬浮剂（红彦）进行全园喷雾，重点喷施果穗。

（二）常见生理性病害及防治

生理性病害是指因环境因素、营养状况和管理不良引起的一系列非侵染性生理障碍。阳光玫瑰是一个对环境和管理要求非常高的品种，管理稍有不善，极可能产生多种生理性病害，严重影响果实的品质和产量，生产管理中防治生理性病害是一项十分重要的工作。

1. 日灼、气灼　日灼、气灼也称缩果病，主要发生在果实发育的硬核期阶段，当环境温度上升，果面温度达到32 ~ 34℃时即可发生，在阳光直射果面温度瞬时达34℃时即可形成日灼，在散射光情况下形成气灼。幼果受害初期呈烫伤状淡褐色斑，随后果面失水凹陷变成褐色。后期果实在高温下失水皱缩，果肉褐变，失去食用价值。

视频10　预防阳光玫瑰日灼、气灼

强烈的阳光直射、温度超过32℃连续几个小时的高温和土壤干旱、葡萄园闷热、通风不良均能引起日灼和气灼，在生长过程中管理失误，留叶量过少或产量过高，土壤持续干旱或雨后突然高温变晴都易诱发缩果病。

防治方法：

（1）改善葡萄园通风透光条件，加强设施内通风降温，防止高温伤害，保持土壤良好的水分状况。增加

气灼症状

留叶量，果穗以下不留副梢，果穗以上副梢单叶绝后摘心，增加覆盖果穗的叶片量。

日灼引起果肉褐变

（2）行间种草。种草的行间与不种草的行间温度有2～3℃差异。草白天吸附了温度、夜晚散发出水气，能降低土壤和气温2～3℃。

（3）补充钙肥。从幼果期开始，加强钙肥的补充。建议选择糖醇钙、螯合钙及钙镁水溶肥进行叶面喷施和土壤冲施，提高果皮韧度，防止缩果病发生，同时对提高果实品质和防裂果等也有很好的作用。

2.裂果　裂果对葡萄果实品质的影响最为严重，轻微裂果就可以使果品丧失商品价值，严重的裂果则会进一步加剧病菌感染，甚至造成绝收。

裂果产生原因：

（1）品种原因。果皮薄、韧性差的品种，在果实膨大期和近成熟期，雨水较多的情况下，极易发生裂果。

（2）水肥管理不当。土壤含水量变化剧烈，特别是在果实成熟期进行大水漫灌或突降暴雨，均容易造成严重裂果。土壤缺钙也容易造成裂果。

（3）盲目使用膨大剂、

裂果症状

催熟剂等也会导致裂果。因产量过大、留果粒过多、果粒间挤压造成裂果。

（4）病虫防治不当，如蓟马、绿盲蝽、白粉病等都易造成裂果。

防治方法：

（1）加强葡萄园土壤水分管理，防止土壤水分剧烈变化，增施钙肥，增强果皮韧性。科学使用植物生长调节剂，杜绝盲目追求大果粒。

（2）提倡葡萄园种植绿肥，树盘覆盖，改良土壤结构，保持良好的土壤水分状况，葡萄园要设置良好的排灌系统，成熟前遇雨要及时排疏，防止积水造成裂果发生。

（3）加强管理，避免前期各种病、虫、鸟害和人为农事操作造成的裂果发生。

3.果锈　果锈是阳光玫瑰果实外观上的一个突出问题，由于阳光玫瑰是一个光亮无果粉的绿色品种，任何污斑都会给果实外观带来严重的影响。因此果锈就成为阳光玫瑰生产上一个引人注目的问题。果锈产生原因十分复杂，有内因也有外因，内因是果皮构成成分和结构的变化，外因是环境因素和物理、化学、生物、病虫害等因素的异常刺激对果皮发

果锈症状

育的影响，造成果皮上形成大小、形状、颜色各不相同的锈斑。果锈形成主要在果实硬核期、果实糖度在16%以上时发生，随果实糖度的增加而增多，采收过晚，果锈会明显增多。氮肥施用过

多，果实易产生果锈；钙肥不足，果锈发生率高。

防治方法：

（1）加强田间管理，保持果穗处在良好的通风透光和适宜的土、肥、水条件下，生长季注意钙肥施用，可采用高能钙、糖醇钙等钙肥冲施或叶面喷施。

（2）阳光玫瑰开花坐果后，要严格选择农药和叶面肥，避免使用对果皮有刺激性的各类化学物质。田间操作时避免各种机械损伤和摩擦，保持果面整洁无损伤。

（3）及早进行果实套袋，选用有色果袋，防止和减轻果锈发生。南方地区多选用绿色果袋，北方地区多用天蓝色果袋，而在光照较差地区则要选择透光较好的白色果袋。

（4）适时采收，采收过晚容易诱发果锈，一般在果实糖度18%以上时就应安排采收。

（5）对于因病虫害引起的果锈，应针对具体的发生原因进行相应的防治和处理。

4.黄化 葡萄的黄化原因很多，阳光玫瑰的黄化主要由两类原因引起，一是阳光玫瑰自根苗和贝达砧不抗盐碱，在盐碱土壤上由于缺乏二价铁离子极容易发生缺铁性黄化。二是生长季大量施用钾肥，造成钾-镁拮抗，造成缺镁性黄化。前者表现为整株黄化，而后者表现为老叶变厚，叶面形成虎纹状黄化，形成叶片上叶肉黄化，而叶脉仍保持绿色的状况。黄化对阳光玫瑰危害极大，近年来北方地区阳光玫瑰黄化病逐年增多，必须引起高度重视。

防治方法：

（1）改良土壤，采用抗盐碱砧木。北方地区土壤和灌溉水盐碱化是产生黄化的主要原因，栽植前充分施用腐熟有机肥或含有铁元素的商品有机肥，以及施用硫黄改良碱性土壤。

（2）在土壤和灌溉水pH大于7.8的地区，要推广使用抗盐碱砧木5BB。对采用贝达砧发生黄化的地区，可以采用5BB靠接换砧。

（3）从2～3叶期开始，每隔2～3天叶面喷施0.3%硫酸亚铁加300倍食用醋或螯合铁等高效铁肥。

（4）南方地区的葡萄黄化病多由施用过多钾肥引起，应注意合理调整钾肥用量，适当补充镁肥，其他原因造成的黄化可对症进行治疗。

叶片、果穗黄化症状

　　阳光玫瑰葡萄含糖量高，香味浓，果皮薄，无果粉覆盖。容易招致各种虫、鸟、鼠等的危害。据统计，在北方地区危害阳光玫瑰的害虫有20余种。对阳光玫瑰果实品质和外观质量影响很大，在抓好病害防治的同时，必须重视对虫害的防治。

　　1.绿盲蝽　　绿盲蝽是一种杂食性昆虫，除危害葡萄外还危害蔬菜、棉花等多种作物。以卵在杂草、葡萄的老枝及老皮下越冬。第二年春季，气温达20℃、相对湿度大于60%时，卵孵化为若虫。在葡萄幼叶抽生后，危害逐渐加重。绿盲蝽是萌芽后幼叶生长期发生较早、危害最严重的害虫。

　　绿盲蝽虫体较小，体长约5毫米，绿色。卵黄绿色，若虫也为绿色，不注意观察时在植株上较难发现。绿盲蝽每年可发生4～5代。

　　绿盲蝽若虫危害葡萄幼芽、幼叶、花梗和花蕾。幼叶受害后，被害处先出现点状褐色坏死斑点，以后随着叶片长大，逐渐形成以坏死点为中心的不规则形孔洞。花序上花梗和花蕾受害后则干枯脱落。

绿盲蝽成虫

绿盲蝽危害状

防治方法：

（1）在葡萄园内及周边要经常清除杂草，入冬前将杂草集中清除销毁，消灭越冬虫源。

（2）葡萄萌芽展叶后，立即喷药预防，常用3 000倍30%噻虫嗪悬浮剂或3 000倍20%吡虫啉可溶液剂（康福多）等，连续施药2～3次及

悬挂黄色粘虫板进行防治

以上，对葡萄园周围的枣树、桃树等也要防治，以防迁徙。在距地面1.6～1.8米处，每亩悬挂黄色粘虫板30～40块，有良好的防治效果。

2.蚜虫　蚜虫俗称腻虫或蜜虫、油汉等，是近年来在阳光玫瑰上新发生，而且扩展十分迅速的一种害虫。蚜虫种类很多，据陕西调查，危害阳光玫瑰的主要有桃蚜、棉蚜、苹果二叉蚜、菜蚜等多个种类。蚜虫繁殖力强，世代交错，一旦大发生后防治难度较大，必须及早防治。

蚜虫多在新梢顶端的叶片及幼果果穗等部位聚集危害，吸食植株汁液。被害叶片呈现小的红色或黄色斑点，使叶片逐渐变白卷缩。严重时引起落叶，削弱树势，影响产量及花芽形成。危害果穗，虫体上的黏液容易滋生霉污，抑制果实生长，后续招来蚂蚁危害果实。另外，蚜虫也能传播病毒，造成阳光玫瑰病毒病的发生。

防治方法：

（1）及早发现，及早施药防控。可使用吡虫啉、啶虫脒、烯啶虫胺等药剂喷雾防治。

（2）对于新梢顶端聚集性的蚜虫，可以通过摘除虫梢的方法，

带出园外彻底销毁。

（3）对于果穗上集中出现的蚜虫，需要对果穗进行喷穗或浸穗处理，但一定要注意药剂选择和处理方法。对失去商品价值的果穗，直接剪除销毁，并全园施药，预防扩展。

（4）采用综合防治，保护天敌，尤其是草蛉、窄姬猎蝽、瓢虫等。蚜虫防治要推广黄色粘虫板、粘虫带等，实行生物防治。

蚜 虫

3.蓟马　蓟马是一种杂食性害虫，种类很多，常见的主要是烟蓟马、葱蓟马等，二次果最易遭受蓟马危害。

蓟马个体很小，体长约0.6毫米，呈淡黄色或褐色，虫体细长。卵为肾脏形，乳黄色。若虫淡黄色，形状与成虫相似。由于蓟马个体较小，不仔细观察一般不易发现。

蓟马在大棚中一年可发生5～6代，以成虫在葱、蒜及葡萄植株上越冬，葡萄萌芽后即开始危害。蓟马成虫、若虫

蓟 马

刺吸葡萄嫩梢、叶片和幼果，受害处呈现水渍状黄色小斑点，随着叶片生长出现不规则孔洞或造成叶片扭曲、畸形，幼果受害后，果面上易形成木栓化褐色锈斑，甚至造成裂果。蓟马危害多发生在25℃以下，所以在大棚中危害发生时间较早。

防治方法：

（1）秋冬季节做好大棚内的清洁工作，铲除销毁间作物和杂草的残枝落叶，消灭越冬虫源。

（2）葡萄萌芽抽枝和幼果期，蓟马开始危害时立即喷布1 500倍20%吡虫啉可溶液剂或1 000～2 000倍25%噻虫嗪水分散粒剂（阿克泰），均有良好的防治效果。

蓟马危害状

（3）一年二次结果的地区，二次果更易遭受蓟马危害，在开花前和幼果期及时喷布1 500倍10%氟啶·螺虫乙酯悬浮剂或2 000倍25%噻虫嗪水分散粒剂（阿克泰），及时套袋。

（4）保护天敌。蓟马天敌有小花蝽和窄姬猎蝽，大棚内要注意引进和保护。

（5）喷药时注意对葡萄架下间作物同时进行防治。

4.斑衣蜡蝉　斑衣蜡蝉俗名花大姐、花姑娘等，是近年来在阳光玫瑰葡萄上迅速扩展的一种害虫。以卵块黏附在树干老皮、架杆等处越冬，第二年春葡萄萌芽后，卵孵化，若虫出现开始危害。

主要以若虫吸食幼叶及新梢汁液，严重时造成叶面扭曲、黄斑等。成虫在果实近成熟期危害，成虫分泌物经氧化后变成黑色，污染果面、叶片和树干，秋季落叶前后集中产卵越冬。斑衣蜡蝉的幼虫和成虫都具有极强的蹦跳力，传播很快。

斑衣蜡蝉成虫及在架杆上所产的卵块

斑衣蜡蝉若虫　　　　　　　　斑衣蜡蝉成虫

防治方法：

（1）春季清园时，剥除树干翘皮、抹杀架杆上的虫卵。此时卵块清晰可见，是杀灭害虫最好时机。

（2）在卵块集中孵化时期，尤其在早晨8—9时前，可选用吡虫啉、高效氯氟氰菊酯等药剂集中喷雾处理，能有效杀灭刚孵化的若虫。

（3）在成虫羽化产卵时期，用高效氯氟氰菊酯等药剂进行喷雾处理，杀灭成虫，减少越冬卵数量。

（4）及时做好果穗套袋工作，避免霉污污染果面。

5.茶黄螨　茶黄螨是葡萄上严重发生的螨类，主要危害阳光玫瑰叶片、新梢、果实、穗轴等，萌芽后即开始危害。茶黄螨在露地一年发生10～20代，南方大棚中可全年发生，世代重叠，但冬季危害较轻。

茶黄螨危害状

受害的葡萄幼果形成不规则的褐色锈斑，并随果实膨大而扩大并木栓化，较大的块状锈斑上有淡白色龟裂状条纹，严重时造成幼果裂果、种子外露。叶片受害严重时有鸡爪纹出现，新梢受害严重时表皮呈泡状微隆起，后期不能正常成熟，遇冷空气抽干枯死。

防治方法：

（1）茶黄螨发生早，繁殖快，必须重视萌芽前、花序展开前、开花前、封穗前和套袋前的防治，尤其是开花前和套袋前，万万不可大意。

（2）萌芽前喷布5波美度石硫合剂，萌芽后可选用阿维菌素，坐果后改用其他较安全的杀螨剂，如哒螨灵、联苯肼酯·螺螨酯、螺虫乙酯、乙唑螨等药剂交替使用。

（3）采收前20天严禁用杀虫剂和杀螨剂。

6.红蜘蛛　危害葡萄的螨类种类较多，如红蜘蛛、黄蜘蛛、白蜘蛛等。在葡萄架下间作豆类、三叶草、西葫芦、草莓等作物时红蜘蛛发生尤为普遍，天气炎热干旱时尤为严重。

红蜘蛛成虫个体小，肉眼难以发现，体长仅0.32毫米，红褐色。卵更小，仅0.04毫米，鲜红色，圆形，有光泽。幼螨和若螨均为淡红色。

在北方大棚内，红蜘蛛一年可发生5～8代，以成螨在葡萄枝条老皮下或芽鳞内越冬，葡萄萌芽展叶时即开始出蛰危害，芽、叶、嫩枝、花、果几乎全可受到红蜘蛛危害。叶片受害，叶面和叶背呈现深褐色斑甚至焦枯；果穗受害，果梗变黑变脆；果粒受害，果皮变粗糙并易形成裂口，且影响果实成熟。大棚内较热的环境有利于红蜘蛛的发生，进入4—5月以后随着温度的升高和间作物豆类、草莓等的生长，葡萄植株上虫口密度迅速增加，甚至造成严重危害。

红蜘蛛成螨

红蜘蛛危害状

防治方法：

（1）做好大棚内清园工作，入冬前剥除老蔓上的粗皮，彻底清除豆叶、豆蔓及残苗和间作物的残枝落叶，并集中彻底销毁，消灭越冬成虫。

（2）萌芽前结合防治其他病虫在植株上认真喷布一次3～5波美度石硫合剂。

（3）葡萄展叶后立即喷一次2 000倍20%四螨嗪悬浮剂（螨死净、阿波罗）或1 500倍5%唑螨酯悬浮剂（霸螨灵、杀螨王）。以后根据红蜘蛛发生情况喷布1 500～2 500倍10%联苯肼酯·螺螨酯悬浮剂。

7.葡萄瘿螨　葡萄瘿螨也称葡萄毛毡病、葡萄潜叶壁虱、葡萄锈壁虱。在露地栽培中发生十分普遍，设施中主要靠苗木带入，葡萄发芽展叶后，成、若虫即在叶背面刺吸汁液，初期被害叶面产生不规则的失绿斑块，虫斑表面隆起，在叶背面产生灰白色毡状茸毛，后期斑块逐渐变为褐色，被害叶皱缩变硬、枯焦。严重时也能危害嫩枝、嫩果、卷须和花梗等，使枝蔓生长衰弱，产量降低。

葡萄瘿螨成虫虫体小，肉眼不易发现，体长0.1～0.3毫米，体近圆锥形，白色，头胸部有两对足，腹部具多数细环纹，腹末有1对细长的刚毛，雌虫比雄虫略小。卵长约30微米，椭圆形，淡黄色。若虫与成虫相似。

瘿螨以成虫潜藏在枝条芽鳞内越冬，春季随芽鳞的开放，成螨爬出侵入新芽危害，并不断繁殖扩散，危害新展的幼叶。远距

葡萄瘿螨（毛毡病）叶背面危害状

葡萄瘿螨（毛毡病）叶正面危害状

离传播主要随着苗木和接穗的调运进行。

防治方法：

（1）葡萄发芽前、芽膨大时喷布3～5波美度石硫合剂，并加入0.3%洗衣粉，杀灭潜伏在芽鳞内的越冬成虫，即可基本控制危害，严重时发芽后还可喷一次15%哒螨灵乳油2 500倍液。

（2）葡萄生长初期发现被害叶片应立即摘除销毁，以免继续蔓延。

（3）对新引进的苗木、插条等在栽植或扦插前可采用温汤浸条杀虫消毒，方法是把插条或苗木地上部分先用30～40℃热水浸泡5～7分钟，然后再移入50℃热水中浸泡3～5分钟，即可杀死潜伏的成螨，也可采用15%哒螨灵乳油2 500倍液处理苗木和插条。

8.透翅蛾　透翅蛾是一种蛀茎害虫，是各地葡萄上常见的害虫，在栽培前注意苗木检查和消毒，则很少有透翅蛾发生，大棚中发现透翅蛾多为葡萄采收后揭棚和盖膜前外部成虫飞入产卵所致。

透翅蛾幼虫蛀食葡萄新梢枝蔓髓部，被害部明显肿大，并使上部叶片发黄，果实脱落，被蛀食的茎蔓易折断枯死，危害状十分容易辨别。

成虫体长18～20毫米，翅展约34毫米，体蓝黑色，头顶、颈部、后胸两侧黄色，腹部有3条黄色横带，外形略像马蜂。卵长约1.1毫米，椭圆形，略扁平，紫褐色。老熟幼虫体长约38毫米，头红褐色，颈部乳黄色，老熟时背面显紫色。蛹长18毫米左右，红褐色，裸蛹。

透翅蛾幼虫及危害状

一年发生1代，以老熟幼虫在葡萄枝蔓内越冬，次年嫩梢生长期化蛹，蛹期约1个月，成虫产卵于当年生枝条的叶腋、嫩茎、叶柄及叶脉等处，卵期约10天，初孵化幼虫自新梢叶柄基部驻入嫩茎内，幼虫在髓部向下蛀食，将虫粪排出并堆于蛀孔附近，嫩枝被害处

透翅蛾成虫

显著膨大，上部叶片枯黄，当嫩茎食空后，幼虫又转至粗枝中危害，一般可转移1～2次，多在夜间转移，亦从叶节部蛀入，并常在蛀孔下先蛀食一环形虫道，然后向下蛀食，受害枝上部极易折断，幼虫危害至9—10月老熟，并用木屑将蛀道底4～9厘米以上处堵塞，在其中越冬。入冬后幼虫在距蛀道底约2.5厘米处蛀一羽化孔，并吐丝封闭孔口，在其中化蛹，成虫羽化时常常将蛹壳带出一半露在孔外，这是一个重要的鉴别特征。

成虫夜间活动，飞翔力强，有趋光性。静止时两翅展开，形似黄蜂，成虫寿命6～7天，每雌产卵40～50粒。

防治措施：

（1）结合冬季修剪彻底剪除被害枝蔓，及时销毁，最迟在发芽以前要处理完毕。

（2）发生严重的葡萄园内，可进行药剂防治，于成虫期和幼虫孵化期喷布20%氯虫苯甲酰胺悬浮剂3 000倍液，或50%亚胺硫磷乳油1 000倍液均有良好防治效果，并可用黑光灯诱杀成虫，同时可预测其成虫盛发时期。

（3）大棚通风口设置尼龙防虫网窗，防止外界昆虫和鸟飞入。在葡萄园内经常检查枝蔓，发现有枝条肿胀和有虫粪的被害

症状及时剪除销毁，对受害株蔓和大枝可采用铁丝刺杀或用500倍50%敌敌畏乳油或1 000倍12%马拉·杀螟硫磷乳油用针管从蛀孔注入，并用黄泥将蛀孔封闭，熏杀幼虫。

9.金龟子　金龟子无论在露地或设施中都是危害葡萄的主要害虫，其幼虫为蛴螬，危害葡萄幼根，是重要的地下害虫。在设施大棚内由于环境的改变，危害葡萄的金龟子种类明显增多，危害时间也明显提前。据观察，在北方地区设施内，危害葡萄的金龟子种类近10种，主要为苹毛丽金龟、黑绒鳃金龟、铜绿丽金龟、大黑鳃金龟、白星花金龟、四纹丽金龟和豆蓝丽金龟等，但不同地区危害葡萄的主要金龟子种类可能有所不同。

金龟子种类繁多，不同种类的金龟子成虫个体大小互不一致，其主要形态特征是：

苹毛丽金龟：体长10毫米，卵圆形，头、胸背面紫铜色，鞘翅茶褐色，有光泽。

黑绒鳃金龟（东方金龟子、天鹅绒金龟子）：体长6～8毫米，近卵圆形，黑色或黑褐色，体上布满极短密的绒毛。

铜绿丽金龟：体长19毫米，椭圆形，头、胸背面及鞘翅铜绿色，有光泽。

大黑鳃金龟（朝鲜金龟子）：成虫体长18～20毫米，整体黑褐色，有光泽。

白星花金龟：体长约22毫米，头、胸背面及鞘翅灰黑色，前翅上有10余个白斑。

四纹丽金龟：成虫10～12毫米，鞘翅淡紫铜色，外缘黑绿色。

豆蓝丽金龟：成虫体长12毫米，椭圆形，全体深蓝色，有闪光。

金龟子种类不同，生活习性有所差别，但在华北均为一年只发生1代，只是越冬虫态有所不同，有的以成虫越冬，有的以幼虫越冬。成虫有伪死性。葡萄一萌芽就开始危害，开始危害时期互不相同。在设施中最早出现成虫的是苹毛丽金龟、黑绒鳃金龟和大黑鳃金龟，葡萄一发芽它们即危害幼芽、嫩叶和花序。出现较晚的是铜绿丽金龟和白星花金龟，它们直接钻食果粒，对果实商品品质影响很大。

土壤中的蛴螬

防治方法：

（1）彻底消灭越冬虫源。每年冬季要认真进行深耕和冬灌；设施内施用的有机肥一定要充分腐熟，对上一年金龟子发生较多的温室或大棚，地表施用5%辛硫磷颗粒剂，每亩用量3千克，彻底消灭金龟子越冬虫源。设施内养鸡能有效控制金龟子的发生，但养鸡只适合于棚

豆蓝丽金龟成虫及危害状

架栽培条件，而且要控制杀虫剂的应用，以保证家禽的安全。

（2）利用金龟子假死特性，在成虫活动期进行人工捕杀或在设施内设置黑光灯或糖醋液进行诱杀。糖、醋、水、敌百虫配方比例为1：4：8：0.2。各地也可根据当地金龟子种类进行调整。

（3）金龟子对药剂极为敏感，在成虫危害期喷布1 500倍5%甲氨基阿维菌素苯甲酸盐（甲维盐）、500倍90%敌百虫可溶粉剂或1 000倍50%敌敌畏乳油都有良好的杀虫效果。

葡萄园生草养鸡

10.夜蛾类害虫　夜蛾类害虫主要是指鳞翅目夜蛾科害虫，危害葡萄的夜蛾常见的有枯叶夜蛾、斜纹夜蛾、旋目夜蛾等。夜蛾的幼虫种类多，食量大，啃食葡萄叶片、花序和果实，造成严重危害，在南方地区尤为严重。近年来由于间作物种类增多，菜青虫、钻心虫、卷叶蛾等咀嚼式口器的害虫增多，一些地方也将此类害虫作为夜蛾进行防治，实际上它们之间有许多明显的不同，在防治上有一定的差异，应该在摸清害虫种类和发生规律的基础上进行有针对性的防治。但在农业生产中，由于此类害虫抗药性的增强，给防治带来一定的困难，因此要倍加注意农业综合防治。对此类害虫的防治，要抓住两个关键时期，一是低龄幼虫阶段，要结合生物防治和化学药剂防治将虫体数量压制住；二是在成虫羽化产卵阶段，要重点进行铲除，也可利用此类害虫的趋光性，用光谱灯进行捕杀。

可采用甲维盐、虫酰肼、高效氯氟氰菊酯、茚虫威、氯虫苯甲酰胺、虫螨腈、虱螨脲等药剂进行防治，轮换或交替使用效果更佳。

目前性诱剂是防治夜蛾类害虫的有效方法，各地应注意推广应用。

甜菜夜蛾幼虫　　　　　　　　　斜纹夜蛾卵块

斜纹夜蛾幼虫

钻心虫蛀果危害

利用性诱剂防治斜纹夜蛾

（四）病虫害综合防治

　　阳光玫瑰是欧美杂交种，抗病性较强，但是在设施避雨栽培条件下，光照变弱、温湿度升高、通风透光状况相对减弱，病毒病、虫害和生理性病害明显增加。认真抓好病虫害综合防治仍是阳光玫瑰栽培中一个重要问题。我国各地阳光玫瑰栽培环境、管理模式、科技服务体系等各有不同，在病虫害防治上应根据具体情况，制定切合实际的病虫害防治方案，真正做到精准、及时、科学、配套防治。当前阳光玫瑰生产上，一些地区存在盲目追求高产、大粒，滥用植物生长调节剂，大肥、大水的错误倾向，必须尽快纠正，以确保我国阳光玫瑰葡萄健康可持续发展。

改良设施结构，预防高温气灼

及时通风，防止高温

　　葡萄病虫害综合防治是指选用适应栽培环境的抗病性强的优良品种和砧木，创建良好的葡萄园生态环境，采用物理、生物、农业等防治技术和科学的土、肥、水及树体管理，合理施用农药等综合配套技术，培养健壮的树势，从而有效抵抗不良环境和减轻病虫害的危害。综合防治是针对单纯依靠化学农药防治提出的一种先进的病虫害防治理念。它能防止因过多使用农药对环境和葡萄果实的污染，最大限度减少病虫害对阳光玫瑰葡萄的危害，更经济、更科学地生产出符合市场需要的优质、安全果品。几十年葡萄生产实践告诉我们，单纯依靠农药只能越防越重，病虫害越来越多，而综合防治才是正确方针。经过多年努力，我国新疆、甘肃、云南、陕西、浙江、辽宁等地均涌现出一批采用健康栽培取得显著成绩的葡萄园，有的全年只用3次农药，树体生长健壮。而单纯使用农药进行病虫害防治的葡萄园一年用药达到16～18次，且防治难度逐年增加。

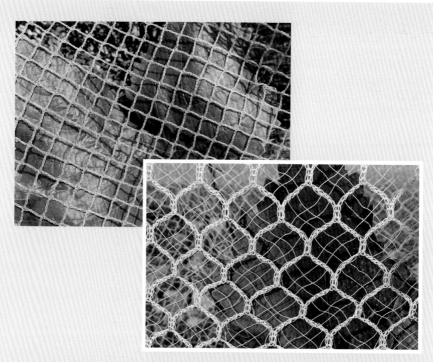

设置防鸟网

利用色板及杀虫灯诱杀害虫

保护天敌，维持生态平衡

葡萄园中有捕食性天敌（捕食性瓢虫、草蛉、小花蝽、食蚜蝇、捕食螨、蜘蛛、鸟类）和寄生性天敌（寄生蜂、寄生蝇、寄生菌）。

注意葡萄发芽前害虫的防治和葡萄生长前期应该不喷或少喷广谱性杀虫剂，施用选择性杀虫杀螨剂，以保护天敌并为天敌提供栖息场所。

（五）阳光玫瑰葡萄病虫害关键防治点

为了尽量减少农药的应用、更有效地控制病虫害的发生，经过多年的试验研究与生产实践，葡萄科技工作者总结归纳提出一套葡萄病虫害减药、增效防治关键技术。它是在良好的农业综合管理前提下，按照预防为主、综合防治的原则，根据各种病虫害发生规律，在病虫害发生前，认真进行预防，有效抑制病虫发生，最大限度降低农药使用。经过近10年的应用，发挥了显著的防治效果。关键防治点在执行过程中必须坚持以下4个原则，一是掌握当地病虫害发生规律，坚持在病虫害发生前及时进行预防。二是正确选择农药，合理搭配，尽量减少用药量和农药种类。三是加强农业综合管理，保持葡萄园通风透光。四是最大限度保护天敌，推行物理防治和生物防治。

根据我国各地阳光玫瑰主要病虫害发生规律，一年中病虫害防治主要抓好7个防治节点：萌芽前、2～3叶期、开花前、坐果后、套袋前、果实生长期和果实采收后。由于这7个时期正是葡萄各种病虫害侵入危害和发生的前期，在这些关键时期进行防治，能有效防止病虫害的侵染和扩展，起到事半功倍的作用。具体地讲，这7个关键防治点的主要预防目标是：萌芽前以铲除各种越冬病虫为主；2～3叶期以保护枝、叶，防治叶、枝病虫为主；开花前和落花后以防治花、果病害为主；套袋前以预防幼果病虫为主；果实生长期以防治枝、叶、果实病虫为主；采收后主要以保护秋叶和减少越冬病虫为主。各个关键防治点用药可按绿色食品用药规范和各地病虫害发生具体情况而定。多年多地的实践表明，认真实行葡萄病虫害关键防治点防治法，能有效防止和减轻病虫害发生，显著降低病虫害防治成本。个别年份可能会遇到异常的气候和突发病虫，这时可根据实际情况适当增补1～2次防治措施，尽早控制病虫蔓延。

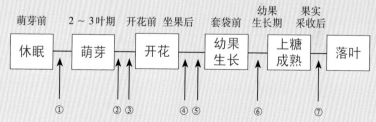

注意：在生长季若遇到特殊情况，可适当增加防治次数。

八、采收、保鲜、贮藏与包装

（一）成熟和采收

阳光玫瑰是一个品质好、效益显著的商品化程度高的葡萄品种，对果实外观和内质、包装、销售要求较高。只有正确的采收、保鲜、贮藏和包装，才能满足市场和消费者的需求。

葡萄成熟期的划分与正确采收期的判定　阳光玫瑰葡萄的成熟期可分为开始成熟期、完全成熟期及过熟期。

（1）开始成熟期。阳光玫瑰开始成熟以果实微微发亮、果皮色泽由深绿开始转为嫩绿、种子从绿色转变成褐色为标志。应强调的是，开始成熟期并不是食用采收期，这时果实含糖量不高，香味不浓，不宜采收和销售。

（2）完全成熟期。完全成熟期果实鲜绿发亮、果实含糖量和芳香物质含量达到最高水平，用测糖仪测定时，含糖量连续2～3次稳定不变，种子外皮变得坚硬，并全部呈现棕褐色。这时阳光玫瑰的典型风味充分体现，是鲜食和采收的最佳时期。

（3）过熟期。阳光玫瑰完全成熟期大概维持4～5天，就进入过熟期，这时果皮颜色开始变黄，亮度降低，果锈增多，果肉变软，种子充分成熟，种皮呈现深褐色。这时果实含糖量可能出现上升，但不是光合糖分增加，而是转化糖分增加。

过熟期采收葡萄贮藏性降低，也有一些地区盲目追求早采收，果实刚开始成熟就急于采收，甚至滥用植物生长调节剂进行催熟，以致严重影响葡萄的品质和耐藏性，这种现象应予纠正，必须保证阳光玫瑰的优异品质，坚持在葡萄完全成熟时方可采收、上市。

（二）采收方法

1.**采收准备**　根据市场销售需求做好采收计划，并及时准备好采收所需要的人力与设备。根据葡萄成熟的具体情况分批进行采收。采收后不能及时运销的，提前做好冷库的准备，包括冷库清洁、消毒、提早降温等工作。

2.**采收工具**　葡萄采收工具主要是采收剪和果筐。为防止采收时碰伤果粒，应用专门的前端圆钝的采收剪。果筐可用柳条筐或专用塑料筐。为了防止挤压果穗，筐不宜太深，单层摆放，每筐容量也不宜过大，一般以8～10千克为宜。若用竹筐采收，内壁一定要用软布垫好，防止刺伤果皮。一些地区近来采用专用的塑料采收箱，不但容易搬运，而且抗压力强，容易堆放，互不挤压，有条件的地方可以推广采用。在观光设施葡萄园，也可采后直接装入包装箱内现场销售。

3.**采收方法**　阳光玫瑰采收前一般都要经过严格的修穗和套袋，为了保证果穗的外观质量，采收前一般不取掉果袋，带袋采收，果梗长度由当地市场而定，一般果梗长度5～10厘米，在单穗包装前才去掉果袋。葡萄果实生长有晚上增大、白天缩小的特点，因此，葡萄采收时间应在上午或下午温度较低时进行，中午阳光暴晒和雨天不宜采收。采收时要轻拿、轻放，对于破碎受伤或受病虫危害的果粒应在采收时随手及时去除，对于运往外地销售的葡萄，为了防止落粒和保持穗梗的新鲜状态，可在采收前12～15天在果穗上喷一次60～100毫克/升的青鲜素（MH）溶液，以保持果穗的新鲜状态和防止落粒，采收后要及时进行单穗包装。

4.**包装**　采收后对要马上销售的进行单盒包装或纸袋包装，包装时要再检查一次，剔除不合格的果穗和果粒，并进行相应分级，然后发送至各个销售点。而对于短时间内暂时不销售的果穗，放在采果箱内，在库温0～1℃条件下快速预冷12～16小时，然后再转入−1～0℃、相对湿度90%～95%的保鲜库内贮藏。

（三）保鲜贮藏

阳光玫瑰是晚熟、耐藏品种，只要注意果实内在质量及贮藏技术，一般都可以贮藏到春节前后，甚至到第二年春季。保鲜贮藏的原理是降低果实呼吸消耗和防止微生物侵染，其主要方法仍是降温、保湿、灭菌和调节气体成分，采用低温贮藏（库）、保鲜药剂和保鲜塑料袋相结合的保鲜方法。

需要较长时间贮藏时，保鲜贮藏的方法是：在采收前15天左右用1.5%硝酸钙喷浸果穗，增强其耐贮藏能力。葡萄采收时进行细致采收，尤其要注意尽量减少伤口。对于长期贮藏的，在采收后先在预冷库中进行预冷处理，降低田间热，待果实充分散热后，再进行冷藏保鲜。保鲜时可用0.04毫米厚的聚乙烯（PE）薄膜或包装纸制成的袋，将葡萄装入。当前市场上保鲜剂种类较多，其中以南非Uvasys（优卫士）保鲜效果较好，绿色安全，使用方便。使用时按果箱葡萄重量选大小合适的保鲜药纸，平铺在葡萄果穗上，然后封箱保存。若用二氧化硫类保鲜剂药片保鲜，每千克葡萄加4～6片保鲜片一同装入果袋内，放入包装箱内。最后将包装箱放在−1～0℃的低温恒定贮藏库、地下室或微型低温保鲜库内，在贮藏过程中，低温降低了葡萄果实的呼吸强度，而箱内的保鲜药纸和保鲜剂药片缓慢释放出二氧化硫气体，抑制微生物活动，起到保鲜防腐的作用。

必须强调的是阳光玫瑰除了专用的葡萄保鲜剂外，不宜采用硫黄熏蒸的办法进行保鲜，以免造成果实漂白失绿。阳光玫瑰的贮藏效果与果实质量密切相关，凡是果实含糖量低于17%的、病虫伤果或采前用过催熟剂处理的、单粒重大于15克的空心果和采收前经历连阴雨影响的都不宜长期贮藏。

冷库贮藏

冷藏车运输

（四）果实分级

阳光玫瑰销售前必须进行严格的分级，实行优质优价。鉴于我国阳光玫瑰栽培条件、市场需求和管理方式彼此差异较大，市场上阳光玫瑰果实分级标准各不相同，我们针对阳光玫瑰果实分级标准提出建议方案，供各地参考。

阳光玫瑰葡萄果实分级标准（建议稿）

分级 项目	特级	一级	二级	备注
果穗穗形、单穗重、单穗粒数、整齐度	穗形大小形状整齐一致，穗重550～750克，每穗45～55粒	穗形大小形状整齐一致，穗重600～900克，每穗55～75粒	穗形大小形状整齐一致，穗重650～1 000克，每穗65～90粒，果皮厚	①穗梗长度根据各地市场要求而定 ②含糖量以果穗最先端以测定值为准
果粒粒形、单粒重、有无种子和空心	果粒椭圆、卵圆，单粒重12～14克，无空心，无种子，无任何病虫危害和机械伤害	果粒椭圆、卵圆，单粒重11～15克，无空心，有0～1粒种子，无任何病虫危害和机械伤害	果粒椭圆、卵圆或有明显果楞，单粒重12～15克，有1～2粒种子，少量空心，无任何病虫危害和机械伤害	①果实质量安全指标符合国家绿色食品标准要求 ②有机阳光玫瑰标准另定
果皮色泽	果皮亮绿，脆嫩，可食，果皮无任何果锈和污染物	果皮亮绿，稍硬，可食，果皮有极微量果锈	果皮鲜黄绿，脆嫩，果皮上有微量果锈	
含糖量及芳香	浓甜浓香，顶果含糖量20%～21%	浓甜浓香，顶果含糖量18%～20%	果肉香甜，顶果含糖量16%～18%	

葡萄绿色食品感官要求（NY/T 844）

阳光玫瑰精品果穗

陕西兴平阳光玫瑰质量标准（建议稿）

穗重	550～750克
穗长、穗宽	18～21厘米、11～12厘米
每穗粒数	45～55
粒重	12～14克
顶果含糖量	≥18%
糖酸比	30：1
芳香	浓香味
色泽	翠绿、黄绿、光亮

注：果实安全指标符合国家规定绿色食品要求。

项目	要求	检验方法
果实外观	具有本品种固有的形状和成熟时的特征色泽，果实完整，果形端正，整齐度好，无裂果及畸形果，新鲜清洁，无可见异物，无霉（腐）烂，无冻伤及机械损伤，无不正常外来水分	品种特征、成熟度、色泽、新鲜度、清洁度、机械伤、霉（腐）烂、冻伤、机械损伤和病虫害等用目测法进行检验，气味和滋味采用鼻嗅和口尝方法进行检验
病虫害	无病果、虫果，无病斑，果肉无褐变	
气味和滋味	具有本品种正常的气味和滋味，无异味	

（五）商品包装

　　阳光玫瑰商品价值高，一定要重视商品的包装，通过包装提升商品外观，提高市场销售效益。美观而实用的包装容器能防止葡萄在贮运中受损伤，便于提拿，并能提高果品的货架价值。当前国内外鲜食葡萄多是用硬质泡沫塑料或瓦楞纸制作的果筐、果箱进行包装，这种包装自重轻、耐压、耐撞，箱内装有防腐剂，阳光玫瑰葡萄生产中应推广采用。为适应观光旅游的需要，应尽量采用盒式小包装，小包装盒可分为1千克、2千克、4千克装几种，包装盒有提手，内衬用无毒塑料薄膜袋，葡萄装入袋内，扣好盒盖，也可将小包装盒放入各种大的包装箱内封盖外运销售。但是要注意包装不能过度，个别地方盲目追求高、大、上

待包装的阳光玫瑰果穗

的豪华包装，忽略了水果的基本属性，也增加了消费者经济负担，这种现象应该及时纠正。

合格的包装箱外应明确显示葡萄品质、品牌、重量、等级、产地、采收期、生产单位、质量安全等级和质量安全可追溯条码等。

充气包装

阳光玫瑰包装箱

阳光玫瑰包装箱

阳光玫瑰具体采用哪种形式和规格的包装，一定要因地制宜、结合实际。关键是：①容量不宜过大，要美观、实用，容易装取和提拿，以增加产品对消费者的吸引力。②包装中要减少葡萄果穗相互挤压和碰撞。③包装材料一定要安全无毒，符合国家关于食品包装质量和安全标准的有关规定。

　　阳光玫瑰精品超小包装：由于阳光玫瑰销售价格较高，国外近年来出现了精品单串小盒包装，每盒一串，这样降低了购买成本。这种超小包装已在我国大城市悄然兴起。各地可根据本地区消费实际，研发群众喜闻乐见的小包装形式，促进精品果的销售。

我国销售的精品包装阳光玫瑰

日本销售的小盒包装阳光玫瑰

附录1 阳光玫瑰葡萄绿色食品生产常用农药

一、杀菌剂

（一）石硫合剂

石硫合剂是一种广谱杀虫、杀菌剂，对防治葡萄毛毡病、白粉病、黑痘病、红蜘蛛、介壳虫等有良好的效果。

1.熬制方法 石硫合剂用生石灰、硫黄粉加水熬煮而成，其配制比例一般是1：2：10，即生石灰1千克、硫黄2千克、水10千克。先把水放在锅中烧至将沸，加入生石灰，等石灰水烧开后，将碾碎过筛的硫黄粉用开水调成浓糊状，慢慢加入锅内，边加边搅拌，并用大火熬煮40～60分钟，药液由黄色变成深红褐色即可。若熬制时间过长，药液会变成绿褐色，药效反而降低；若熬制时间不足，原料成分作用不全，药效不高。

熬好的石硫合剂，从锅中取出放在缸内冷却，并用波美比重计测量度数，称为波美度，一般可达25～30波美度。在缸内澄清3天后吸取清液，装入缸或罐内密封备用，应用时按石硫合剂稀释方法兑水使用。

2.稀释方法 最简便的稀释方法有以下两种。

（1）重量法。可按下列公式计算：

$$原液需用量 = \frac{所需稀释浓度}{原液浓度} \times 所需稀释液量$$

例如：配制0.5波美度稀释液100千克，需25波美度原液和水量为：

$$原液需用量 = \frac{0.5}{25} \times 100 = 2（千克）$$

需加水量 = 100（千克）- 2（千克）= 98（千克）

（2）稀释倍数法。

$$稀释倍数 = \frac{原液浓度}{需要浓度} - 1$$

例：欲用25波美度原液配制0.5波美度的药液，稀释倍数为：

$$稀释倍数 = \frac{25}{0.5} - 1 = 49$$

即取一份（重量）的石硫合剂原液，加49倍的水即成0.5波美度的药液。

3.注意事项 ①熬制石硫合剂时必须选用新鲜、洁白、含杂质少而没有风化的块状生石灰（若用消石灰，则需增加1/3的量）；硫黄选用金黄色、经碾碎过筛的粉末，水要用洁净的软水。②熬煮过程中火力要大且均匀，始终保持锅内处于沸腾状态，并不断搅拌，这样熬制的药剂质量才能得到保证。③不要用铜器熬煮和贮藏药液，贮藏原液时必须密封，最好在液面上倒入少量煤油，使原液与空气隔绝，避免氧化，这样一般可保存半年左右。④石硫合剂腐蚀力极强，喷药时不要接触皮肤和衣服，如已接触，应迅速用清水冲洗干净。⑤石硫合剂为强碱性，不能与波尔多液、松脂合剂及遇碱分解的农药混合使用，以免发生反应或降低药效。⑥喷雾器用后必须冲洗干净，以免被腐蚀而损坏。⑦夏季高温（32℃以上）时使用易发生药害，低温（15℃以下）时使用则药效降低。发芽前一般多用5波美度药液，发芽后必须降至0.2 ~ 0.3波美度。

（二）波尔多液

波尔多液是用硫酸铜和石灰加水配制而成的一种预防性保护剂，主要在病害发生以前使用，对预防葡萄黑痘病、霜霉病、白粉病、褐斑病等都有良好的效果，但对预防白腐病、灰霉病效果较差。

1.配制方法　配制波尔多液要用3个容器，先用两个容器分别把硫酸铜和生石灰用少量热水化开，用3/10的水配制石灰液，7/10的水配制硫酸铜，充分溶解后过滤并将两种清液同时倒入第三个容器中，充分搅匀，呈天蓝色的波尔多液。容器不够时，也可把硫酸铜慢慢倒入石灰乳液中，边倒边搅，即配成天蓝色的波尔多液。

2.使用方法　在葡萄生长前期可用200～240倍半量式波尔多液（硫酸铜1千克，生石灰0.5千克，水200～240千克）；生长后期可用200倍等量式波尔多液（硫酸铜1千克，生石灰1千克，水200千克），为增加药液在植物上的黏着力，可另加少量黏着剂（100千克药剂加100克皮胶液）。配制波尔多液时，硫酸铜和生石灰的质量及这两种物质的混合方法都会影响到波尔多液的质量。配制良好的药剂，所含的颗粒很细小而均匀，沉淀较缓慢，清水层也较少；配制不好的波尔多液，沉淀很快，清水层也较多。

3.注意事项　①必须选用洁白成块的生石灰；硫酸铜选用蓝色有光泽、结晶成块的优质品。②配制时不宜用金属器具，尤其不能用铁器，以防止发生化学反应降低药效。③硫酸铜液与石灰乳液温度达到一致时再混合，否则容易产生沉降，降低药效。④药液要现配现用，不可贮藏，同时应在发病前喷施。⑤波尔多液不能与石硫合剂等碱性药液混合使用。喷石硫合剂后，需隔10天左右才能再喷波尔多液；喷波尔多液后，隔20天左右才能喷石硫合剂，否则会发生药害。

（三）三乙膦酸铝

三乙膦酸铝又名疫霉灵，纯品为白色无味结晶，在一般有机溶剂中溶解度很小，稍溶于水，纯品及其工业品制剂均较稳定。对人、畜低毒。三乙膦酸铝是一种具有双向传导能力、高效、低毒、广谱性的有机磷内吸杀菌剂，在植物体内流动性很大，内吸治疗效果明显，并具有良好的保护作用和治疗作用，对霜霉病有良好的防治效果。剂型有40%、80%、90%可湿性粉剂。常用浓度为40%可湿性粉剂200～300倍液，或80%可湿性粉剂400～500倍液，或90%可湿性粉剂600～800倍液，喷雾防治葡萄霜霉病效果良好。三乙膦酸铝若与多菌灵、灭菌丹等农药混用，效果更佳，可提高药效，并可兼治其他病害。

使用三乙膦酸铝时应注意以下几个问题：

（1）不要与强碱或强酸性药剂混用，以免减效或失效。

（2）避免连续单一使用三乙膦酸铝，以防止病菌产生抗药性。

（3）三乙膦酸铝易吸潮结块，贮运中应注意密封保存，如遇结块，不影响使用效果。

（4）三乙膦酸铝对鱼类有毒，使用时不要污染池塘、河湖。

（四）甲霜灵

甲霜灵又名瑞毒霉、甲霜安，是一种内吸性杀菌剂，其有效成分施药后30分钟即可通过植物的根、茎、叶部吸收进入植物体内，并迅速上、下移动传导至各部位。因此，施药后不怕雨水冲刷，具有良好的保护和治疗作用，持效期较长，对植物安全，对人、畜低毒。该药具有轻度挥发性，在中性及酸性介质中稳定，遇碱易分解失效，对霜霉病有独特的防治能力。剂型有25%可湿性粉剂和35%拌种剂。用25%可湿性粉剂500～600倍液喷雾防治葡萄霜霉病有特效。但若连续使用，病原菌易产生抗药性，因此在病害初发时可用其他常规杀菌剂，在发病较重，其他杀菌剂不能奏效的情况下，再用甲霜灵，可起到治疗的作用。甲霜灵用药次数每年不得超过2次，间隔期为10～14天。可与其他杀菌剂复配使用或交替轮换使用。

（五）霜脲氰

霜脲氰又名克露，原药为白色结晶，微溶于水，是一种内吸性杀菌剂，常用制剂为72%可湿性粉剂，霜脲氰只对霜霉病有效，而且药效期仅2天，因此多与代森锰锌等农药混配使用，目前用霜脲氰配制的药剂有百余种之多，使用前一定要分清楚。常用300～400倍72%可湿性粉剂在发病前或初发病时进行防治，相隔5～7天连喷两次即可。

（六）烯酰吗啉

烯酰吗啉又名安克、科克等，原药为无色晶体，难溶于水，是一种肉桂酸的衍生物，属低毒杀菌剂，对防治霜霉病有特效，常用制剂有69%烯酰·锰锌可湿性粉剂和69%烯酰·锰锌水分散粒剂，生产中主要在发病前或发病初期用600～800倍69%烯酰·锰锌进行喷布，每隔7～10天喷一次，连喷2～3次即可。使用烯酰吗啉时要注意防护，防止吸入或溅入眼中，并注意和其他农药轮换使用，防止病菌产生抗药性。

（七）百菌清

百菌清又名达科宁，是一种高效、低毒、低残留、广谱性有机氯杀菌剂。纯品为白色结晶，无臭无味。工业品稍有刺激性臭味。在常温和光照下稳定，在酸性或碱性溶液中稳定，但强碱可促其分解。百菌清的主要作用是防止植物受真菌的侵染，在植物已受到病害侵染、病菌已进入植物体内后，杀菌作用则很小。该药无内吸传导作用，但喷在植株表面有较好的黏着性，耐雨水冲刷，对人、畜低毒，能与其他农药混用。剂型有75%可湿性粉剂、10%乳剂、2.5%烟剂。用75%可湿性粉剂500～800倍液防治白腐病、炭疽病、黑痘病、白粉病等多种病害均有良好效果。在常规用量下，一般药效期为7～10天。该药不能与石硫合剂等强碱性农药混用，以免分解失效。幼果期使用药剂浓度过大时会产生药害，在果实采收前20天内停止用药。

（八）多菌灵

多菌灵又叫苯并咪唑44号，纯品为白色结晶粉末，工业品为浅棕色粉状物，不溶于水和一般有机溶剂，化学性质比较稳定，对人、畜低毒，对作物安全。药剂被根、叶吸收后，可在植物体内传导，具有保护和治疗作用，是一种高效、低毒、低残留、广谱性的内吸杀菌剂。对多种真菌引起的植物病害都有效，而对病毒和细菌引起的病害无效。剂型有25%、50%可湿性粉剂，40%胶悬剂。多菌灵可与一般杀菌剂混用，与杀虫剂、杀螨剂混用时要随混随用，但不能与铜制剂混用。稀释药液若不及时使用，会出现分层现象，应搅匀后使用。多菌灵长期使用，病菌易产生抗药性，应与其他杀菌剂交替使用。用25%可湿性粉剂250～400倍液、50%可湿性粉剂800～1 000倍液可防治葡萄白腐病、炭疽病、房枯病、黑痘病，在发病前或发病初期每隔10～15天喷1次，连喷2次，防病效果显著。多菌灵还可防治葡萄贮藏期绿霉病、青霉病。

（九）三唑酮

三唑酮又名粉锈宁，属有机杂环类杀菌剂，具有高效、低毒、低残留、持效期长、内吸性强等优点，具有预防、治疗、铲除、熏蒸等作用，是防治白粉病和锈病的高效内吸杀菌剂。杀菌机理极为复杂，主要是抑制、干扰菌丝、吸器的生长发育和孢子的形成，对菌丝的杀伤效果比对孢子强。剂型为25%可湿性粉剂、15%烟雾剂、25%乳油。用25%可湿性粉剂800～1 000倍液防治葡萄白粉病、锈病有特效，防治白粉病的效果优于甲基硫菌灵和石硫合剂。

（十）代森锰锌

代森锰锌是一种广谱、低毒、持效期长的保护性杀菌剂，原药由代森锰和锌离子络合而成。其作用机理主要是抑制病菌体内丙酮酸的氧化。与其他内吸性杀菌剂混用，可延缓病菌抗药性的产生，而且并对锰、锌缺乏症有治疗作用。代森锰锌对人、畜低毒，但对皮肤和黏膜有一定的刺激作用，对植物较安全。剂型有70%、50%可湿性粉剂。该药在酸、碱、高温、潮湿、强光条件下易分解失效。生产上常用70%可湿性粉剂600～800倍液防治葡萄霜霉病、炭疽病、黑痘病、白粉病、白腐病、褐斑病等。在发病前或发病初期喷药，间隔时间为7～10天。该药不能与碱性药剂混用，以免降低药效。当前许多复配农药都是以代森锰锌为主要成分和其他农药配制而成的。

（十一）甲基硫菌灵

甲基硫菌灵又称托布津－M、甲基托布津，为硫脲基甲酸酯类化合物，纯品为无色结晶，工业品为黄棕色粉末，是一种广谱性内吸杀菌剂，具有保护作用和内吸作用。被植物吸收后，可降解转化为多菌灵，干扰病原菌的生长发育，从而有效地起保护、杀菌作用。甲基硫菌灵性质稳定，可与多种农药混用，但不能与含铜的药剂混用。剂型有70%可湿性粉剂、50%胶悬剂，对人、畜低毒、低残留，使用安全。

用70%甲基硫菌灵可湿性粉剂800～1 000倍液防治葡萄白粉病有特效，对白腐病、炭疽病、灰霉病、房枯病、黑痘病等也有一定的防治效果。甲基硫菌灵长期单一使用易使病菌产生抗药性，在使用时，应和其他杀菌剂交替使用。

（十二）嘧霉胺

嘧霉胺又名施佳乐，原药为白色晶体，微溶于水，是一种对灰霉病有特效的低毒杀菌剂，常用制剂为40%悬浮剂，防治葡萄灰霉病时常用1 000～1 500倍40%悬浮剂，每隔7～10天喷布一次，葡萄套袋前可先用1 000倍40%悬浮剂浸蘸果穗，待药液稍晾干后即可进行套袋，在葡萄设施中应用时要注意药液浓度不要太高，以防发生药害。

（十三）腐霉利

腐霉利又称速克灵、二甲菌核利，原药为白色或浅棕色结晶，微溶于水，在日光和潮湿的条件下化学性质稳定。常用制剂为50%可湿性粉剂、10%～15%烟剂及与其他药剂的复配制剂。

腐霉利是一种广谱触杀型保护杀菌剂，有一定的渗透性，主要用于防治灰霉病，生产上主要在花前、花后和上色初期及贮藏前用1 500～2 000倍50%可湿性粉剂喷布花序或果穗，预防灰霉病的发生。腐霉利是保护性杀菌剂，主要用在发病前和发病初期，该药要随配随用，而且不能和碱性农药及有机磷农药混合使用。

（十四）咯菌腈

咯菌腈又称氟咯菌腈、适乐时、卉太朗等，纯品为无色、无味的结晶状固体。原药的毒性很低，对人和家兔无刺激性，对鸟类、蜜蜂无毒。

咯菌腈属于非内吸性广谱杀菌剂，兼具杀菌、抑菌作用。对灰霉病特效，对灰霉病菌的杀菌机理为干扰并破坏生物氧化和生物合成过程，即溶解灰霉病菌的菌体细胞壁，快速破坏灰霉病菌细胞膜上的疏水链，氧化溶解病菌蛋白质，破坏核酸与蛋白质的合成，最终导致病菌死亡，与现有杀菌剂无交互抗性。

咯菌腈在葡萄上广泛应用，主要用于防治葡萄灰霉病和穗轴褐枯病，对葡萄花期、幼果期、果实成熟期和入库保鲜期灰霉病等有很好地预防和控制作用。在灰霉病初发生时，通过对花序、果穗喷雾、冲淋等方式，能有效铲除病菌，阻断传播和复发。同时，由于咯菌腈安全性较高，也被广泛使用在葡萄的无核化、保花保果、膨大等花序和果穗处理中。一般情况下，40%咯菌腈悬浮剂使用倍数为3 000～4 000倍，在病害发生严重时可使用到1 500～2 000倍，依然非常安全。咯菌腈除了喷雾处理防控灰霉病外，也可用于灌根、土壤处理、种子处理等，对葡萄根部病害有非常好的效果。

（十五）苯醚甲环唑

苯醚甲环唑是一种安全性比较高的三唑类杀菌剂，广泛应用于果树、蔬菜等作物的病害防治，具有内吸、保护和治疗作用。杀菌谱广，对子囊菌、担子菌和半知菌等病原菌都有显著作用。

对梨树黑星病、苹果斑点落叶病、柑橘疮痂病、番茄早疫病、芹菜叶斑病、西瓜炭疽病、黄瓜白粉病等都有很好地预防和治疗作用。苯醚甲环唑不宜与铜制剂混合使用。为了确保防治效果，在喷雾时用水量一定要充足，要求树体全株均匀喷药。同时，为了充分发挥其保护作用，施药时间宜早不宜迟，应在病害未发生前或发病初期即施药，效果更佳。

苯醚甲环唑可用于防治葡萄黑痘病、炭疽病、穗轴褐枯病、白腐病、白粉病、锈病、褐斑病等多种病害，特别对葡萄果实膨大期的黑痘病、炭疽病、白腐病等果实类病害预防和控制效果好，且不易影响果粒膨大。

防控葡萄炭疽病、黑痘病、白腐病等：预防可用40%苯醚甲环唑悬浮剂4 000 ～ 6 000倍液，治疗可用40%苯醚甲环唑悬浮剂3 000 ～ 4 000倍液。与甲氧基丙烯酸酯类杀菌剂如嘧菌酯、吡唑醚菌酯等配合使用时，预防和治疗效果更佳，持效期更长。

（十六）己唑醇

己唑醇是一种活性比较高的三唑类杀菌剂，广泛应用于大田、果树、蔬菜等作物的病害防治，具有内吸、保护和治疗作用。己唑醇能破坏和阻止病菌的细胞膜重要组成成分麦角甾醇的生物合成，导致细胞膜不能形成，使病菌死亡。对真菌尤其是担子菌、子囊菌和半知菌引起的病害如白粉病、锈病、黑星病、褐斑病、炭疽病等有良好的保护和铲除作用。广泛应用于小麦赤霉病、小麦条锈病、水稻纹枯病、梨树黑星病、苹果斑点落叶病、黄瓜白粉病等病害的防治。但由于己唑醇的生物活性较高，在某些早熟的苹果品种及蔬菜幼苗期使用时易发生药害，需谨慎。

己唑醇在葡萄上可重点用于防控葡萄白粉病、褐斑病、溃疡病等。预防处理可用40%己唑醇悬浮剂4 000 ～ 6 000倍液，治疗可用40%己唑醇悬浮剂3 000 ～ 4 000倍液。在葡萄新梢生长期及幼果膨大期，需要稀释较大倍数，避免抑制生长。

(十七) 嘧菌酯

嘧菌酯是一种甲氧基丙烯酸酯类杀菌剂，杀菌谱广，几乎对所有的真菌界病害如白粉病、炭疽病、早疫病、晚疫病、锈病、霜霉病、叶斑病、蔓枯病等均有良好的预防和控制作用，而且能显著增强植株自身的免疫力，使植株健壮，延缓衰老。嘧菌酯渗透性强，可在植株体内实现再分布，从而起到较好的预防和保护作用，持效期长。生产上嘧菌酯有多种处理方式，包括茎叶喷雾、种子处理、土壤处理等。嘧菌酯不能与乳油，尤其是有机磷类乳油混用，也不能与有机硅类增效剂混用，会由于渗透性和展着性过强引起药害。苹果上也不能使用嘧菌酯，容易发生药害。

嘧菌酯可应用于葡萄防控多种病害，同时健壮树体。对葡萄霜霉病、白腐病、白粉病、炭疽病等多种病害几乎都有较好的预防和控制作用。与其他专性杀菌剂混配使用，能显著增强专性杀菌剂的防控效果。25%嘧菌酯悬浮剂在葡萄上的使用浓度一般为1 500 ～ 2 500倍液。

(十八) 吡唑醚菌酯

吡唑醚菌酯是一种甲氧基丙烯酸酯类杀菌剂，杀菌谱广，通过抑制病菌线粒体呼吸作用，最终导致细胞死亡，具有很好的保护、治疗、叶片渗透和传导作用。对多种作物上由真菌引起的多种病害都有较好的防治效果。吡唑醚菌酯具有增强叶片光合作用、健壮植株、提高植株抗逆性等方面作用。与其他类别的杀菌剂混合使用防控效果更佳。

吡唑醚菌酯广泛用于葡萄上多种病害的防控。对葡萄黑痘病、炭疽病、白粉病、霜霉病、黑腐病、褐枯病、枝枯病等多种病害均有较好预防和治疗作用。25%吡唑醚菌酯悬浮剂在葡萄上的使用浓度为1 500 ～ 2 500倍液，在植株发病前喷施1次，视病情发展、气候条件等相隔7 ～ 10天再喷施2 ～ 3次，可有效预防葡萄上多种病害的发生。

（十九）噻呋酰胺

噻呋酰胺又叫噻氟菌胺，属于噻唑酰胺类杀菌剂。噻呋酰胺具有很强的内吸传导性和较长持效性，对多种土传、种传病害有极强的保护和治疗效果。广泛应用于防治多种大田作物、果树及蔬菜上的多种病害，如小麦纹枯病、水稻纹枯病、花生白绢病、马铃薯黑痣病等。施用方式包括叶面喷雾、种子处理、土壤处理等。市场上多以240克/升噻呋酰胺悬浮剂、35%噻呋酰胺悬浮剂为主。

近年来，噻呋酰胺在防控葡萄白腐病上表现效果显著。葡萄白腐病是近年来葡萄上重点发生的一种土传性的果实类病害，在葡萄果实膨大至成熟期危害极重。噻呋酰胺有良好的内吸传导性，很容易通过根部或作物表面吸收并在植物体内传导，深度铲除白腐病菌。噻呋酰胺与三唑类杀菌剂相比，对植株没有明显的抑制性，对葡萄炭疽病、黑痘病等多种早期病害防控作用更佳。耐雨水冲刷，施药后1小时降雨不影响药效。预防和治疗葡萄白腐病、炭疽病，可用35%噻呋酰胺悬浮剂1 500～3 000倍液。

二、杀虫、杀螨剂

（一）敌百虫

敌百虫是一种高效、低毒、杀虫谱广的有机磷杀虫剂，对多种害虫有较强的胃毒和触杀作用，胃毒作用尤为显著。过去由于晶体敌百虫难以溶解，一度限制了其使用，近年来，为解决这个问题，已研制成使用方便的80%敌百虫可湿性粉剂。该药在常温下稳定，在空气中吸湿后会逐渐水解失效，在碱性溶液中转化为敌敌畏，再继续水解，会逐渐失效。敌百虫对金属有腐蚀作用，对人、畜毒性低。生产上常用80%敌百虫晶体或可湿性粉剂800～1 000倍液喷雾防治葡萄星毛虫、各种金龟子、葡萄虎蛾、车天蛾、十星叶甲等。敌百虫能与多种农药混用，但不能与波尔多液和石硫合剂混用，以免影响药效。

（二）敌敌畏

敌敌畏又名DDV或DDVP，是一种高效、低毒、低残留的广谱性有机磷杀虫剂，对害虫有胃毒、触杀、熏蒸作用，由于挥发性强，熏蒸作用特别突出，对害虫击倒作用很强，害虫接触后，几分钟至十几分钟内就会死亡，为一般药剂所不及，但持效期短，用于防治发生期集中的害虫效果特别显著。剂型有80%、50%乳油，为淡黄色油状液体，微带芳香气味，不溶于水，长期贮存不分解，但在碱性溶液中易分解，在空气中挥发很快，生产上常用1 000 ～ 1 500倍液防治葡萄星毛虫、叶蝉、虎夜蛾、车天蛾，效果很好。

（三）吡虫啉

吡虫啉又名高巧、康福多、大功臣，是一种烟碱类广谱内吸性低毒杀虫剂，兼具胃毒和触杀作用，原药为淡黄色结晶，难溶于水，常用制剂为10%可湿性粉剂，主要用于防治刺吸式口器害虫，常用1 000 ～ 1 500倍液治绿盲蝽、叶蝉等。吡虫啉属低毒性杀虫剂，但对蚕、蜂等有益昆虫也有杀伤作用，生产上应用时应充分注意。

（四）甲氨基阿维菌素苯甲酸盐

甲氨基阿维菌素苯甲酸盐简称甲维盐，外观为白色或淡黄色结晶粉末，高效、广谱、持效期长，持效期可达15天以上，为优良的杀虫杀螨剂，阻碍害虫运动神经信息传递而使身体麻痹死亡。以胃毒为主，兼具触杀作用，对作物无内吸性，但可有效渗入施用作物表皮组织，因而具有较长持效期。对防治棉铃虫、螨类、鞘翅目及半翅目害虫有极高活性，且不与其他农药产生交叉抗性，在土壤中易降解，无残留，不污染环境，在常规剂量范围内对有益昆虫、人、畜安全，可与大部分农药混用。

甲维盐可用于葡萄上防治透翅蛾、虎天牛、棉铃虫、烟青虫、卷叶蛾、烟蚜夜蛾、小菜蛾、甜菜叶蛾、草地贪夜蛾、银纹夜蛾、菜粉螟、马铃薯甲虫等害虫。推荐使用5%甲维盐3 000～4 000倍液。

（五）氯虫苯甲酰胺

新一代超高效杀虫剂，兼具胃毒、触杀作用，对小菜蛾等鳞翅目害虫具有较高的防效，使用后能使害虫快速停止取食（7分钟），很快活力丧失或因持续脱钙使肌肉麻痹，显著抑制害虫生命活动，24～72小时内死亡。高效广谱，对鳞翅目的夜蛾科、螟蛾科、蛀果蛾科、卷叶蛾科等均有很好的控制效果，还能控制鞘翅目象甲科、叶甲科，双翅目潜蝇科，烟粉虱等多种非鳞翅目害虫，尤其是顽固的鳞翅目抗性害虫，氯虫苯甲酰胺的防控效果明显。无内吸作用，但在绿色组织内可跨层传导，在葡萄透翅蛾等蛀干害虫初发生时及时喷药有很好的防治效果。微毒，对施药人员非常安全，对鱼、蜂、水生生物、天敌及哺乳动物毒性较低，对环境十分友好。持效期可以达到15天以上，对农产品无残留影响，同其他农药混合性能好。

近年来，由于各类害虫对甲维盐类等药剂产生抗性，氯虫苯甲酰胺已经逐步成为葡萄上防控鳞翅目害虫的首选。

（六）高效氯氟氰菊酯

高效氯氟氰菊酯为高效、广谱、速效拟除虫菊酯类杀虫、杀螨剂，以触杀和胃毒作用为主，无内吸作用。杀虫谱广，活性较高，药效迅速，耐雨水冲刷。高效氯氟氰菊酯对鳞翅目、鞘翅目和半翅目等多种害虫有效，对刺吸式口器的害虫及叶螨、锈螨、瘿螨、跗线螨等螨类都有良好效果。在虫、螨并发时可以兼治，但对螨的使用剂量要比常规用量增加1～2倍。

随着各类害虫对菊酯类杀虫剂抗性的不断增强，目前葡萄上用10%高效氯氟氰菊酯水乳剂1 500～3 000倍液来重点防治葡萄棉铃虫、菜青虫、斜纹夜蛾、甜菜夜蛾、钻心虫等以及瘿螨、锈螨、茶黄螨、二斑叶螨等。

（七）螺虫乙酯

螺虫乙酯属于季酮酸类化合物，可有效防治多种刺吸式口器害虫，如蚜虫、蓟马、木虱、粉蚧、粉虱和介壳虫等。螺虫乙酯具有独特的双向内吸传导性能，可以在整个植物体内向上、向下移动，抵达叶面和树皮，从而防治如生菜和白菜内叶上，及果树树皮上的害虫。这种独特的双向内吸传导性能可以保护新生茎、叶和根部，防止害虫的卵和幼虫生长。螺虫乙酯持效期长，可提供长达8周的有效防治，广泛应用于葡萄、棉花、大豆、柑橘、马铃薯和蔬菜等作物的刺吸式口器害虫的防控。研究表明其对重要益虫如瓢虫、食蚜蝇和寄生蜂具有良好的选择性。

葡萄上介壳虫、红蜘蛛防治可用22.4%螺虫乙酯悬浮剂4 000～5 000倍液喷雾。

（八）联苯肼酯

联苯肼酯是一种新型选择性叶面喷雾用杀螨剂。其对螨的各个生活阶段均有效，具有良好的杀卵活性，对成螨的击倒活性强(48～72小时)，且持效期长，可达14天左右。推荐使用剂量范围内对作物安全。对寄生蜂、捕食螨、草蛉等天敌生物安全性较高。

联苯肼酯广泛用于苹果和葡萄等作物上红蜘蛛、白蜘蛛、茶黄螨等防治。葡萄上使用43%联苯肼酯悬浮剂2 000～3 000倍液。

（九）螺螨酯

螺螨酯的有效成分为季酮螨酯，具有全新的作用机理，通过抑制有害螨体的脂肪合成，阻断螨的能量代谢。螺螨酯的主要作用方式为触杀和胃毒，没有内吸性，与现有杀螨剂无交互抗性。螺螨酯杀螨谱广、适应性强，对锈壁虱、茶黄螨、朱砂叶螨和二斑叶螨等均有很好防效，对害螨的卵、幼螨、若螨具有良好的杀伤效果，但对成螨无效，但具有抑制雌螨产卵的作用。持效期长，生产上能控制柑橘全爪螨危害达40~50天。螺螨酯耐雨水冲刷，喷药2小时后遇中雨不影响药效的正常发挥。可与大部分农药（强碱性农药与铜制剂除外）现混现用。螺螨酯喷药要全株均匀喷雾，特别是叶背，建议避开果树开花时用药。

葡萄上使用240克/升螺螨酯悬浮剂4 000～6 000倍液喷雾防治害螨等。

（十）噻虫嗪

噻虫嗪是一种第二代烟碱类高效低毒杀虫剂，对害虫具有胃毒、触杀及内吸活性，主要用于叶面喷雾及土壤灌根处理。噻虫嗪施药后能迅速被作物内吸，并在作物体内传导到各部位，对刺吸式害虫如蚜虫、飞虱、叶蝉等有良好的防效。噻虫嗪不能与碱性药剂混用，不能在-10℃以下和35℃以上储存。对蜜蜂有毒，用药时要特别注意。噻虫嗪杀虫活性很高，用药时不要盲目加大用药量。

葡萄上使用25%噻虫嗪悬浮剂4 000～5 000倍液喷雾防治蚜虫等。

（十一）乙基多杀菌素

乙基多杀菌素是一种新型多杀菌素类杀虫剂，能有效控制果树上的重要害虫，主要用于防治多种鳞翅目幼虫如小菜蛾、甜菜夜蛾、斜纹夜蛾、豆荚螟等，对蓟马和潜叶蝇等也有很好的防治效果。乙基多杀菌素生物活性高，显著高于灭多威、拟除虫菊酯类杀虫剂；杀虫谱广，可高效防治鳞翅目幼虫、蓟马和潜叶蝇；速效性好，几分钟至数小时见效；持效期长；耐雨水冲刷；对人及鸟类、鱼类、蚯蚓和水生植物等低毒，对蜜蜂安全。

葡萄上防控蓟马等害虫，可使用60克/升乙基多杀菌素悬浮剂1 000～1 500倍液。

附录2 植物生长调节剂配制方法

植物生长调节剂也称植物激素，它是用生物学或化学合成的办法生产出来的，对植物生长、结果有明显调节作用的一大类物质。目前植物生长调节剂共有五大类，包括生长素、赤霉素、细胞分裂素、生长拟制素、催熟剂等，它们在农业生产、葡萄生产各个阶段有广泛的应用。植物生长调节剂应用时用量极少，常用百万分之一为单位（毫克/千克、毫升/升）。在实际应用中，必须严格按照要求的浓度和方法进行配制。

1.配药计算法　根据化学剂配制原理，植物生长调节剂配制可按下列公式进行计算：

每克原药加水量=1 000×原药纯度÷所需要的浓度

例如：①用赤霉素（原药纯度20%）配制25毫克/千克的膨大剂时，每克药加水量为：1 000×20%÷25＝8（千克）；

②用细胞分裂素吡效隆（原药纯度4%）配制2毫克/千克的果实膨大剂时，每克（毫升）药加水量为：1 000×4%÷2＝20（千克）。

2.查表配制法　除配药计算法外，可以将不同原药含量的植物生长调节剂配制比例制成表格，应用时直接查表。

赤霉素浓度配制表（1克或1毫升药剂兑水量）

所需浓度	75%结晶粉	20%粉剂	4%乳油
50毫克/千克	15千克	4千克	0.8千克
25毫克/千克	30千克	8千克	1.6千克
12.5毫克/千克	60千克	16千克	3.2千克
5毫克/千克	150千克	40千克	8千克

0.1%吡效隆配制表

所需浓度 （毫克／千克）	1	2	2.5	3	4	5
每克（毫升）药剂 加水（毫升）	1 000	500	400	333	250	200

3.使用展布剂　为了增强生长调节剂的使用效果，在进行花序和幼穗处理时，药剂中应加入适量的展布剂，常用的展布剂有快润、必加、有机硅、吐温20、柔水通、中性洗涤剂。稀释倍数为3 000～4 000倍。

4.科学合理使用植物生长调节剂　阳光玫瑰是一个二倍体有核品种，可以不用植物生长调节剂处理，自然膨大，也可采用植物生长调节剂处理，促进膨大或形成无核果实，但进行植物生长调节剂处理时必须注意：

（1）树势一定要健壮，冬季采用短梢修剪。

（2）及时进行花序整形，促进花期整齐一致。

（3）处理药剂质量合格，处理浓度、方法准确，配制药液时，采用二次稀释法。

（4）调节剂处理前后各项配套技术要正确及时。

（5）配制各种植物生长调节剂时，应使用清洁的中性水或弱酸性水（pH6.5～7.0），不能使用碱性水或强酸性水，以免引起植物生长调节剂失效。

植物生长调节剂不是肥料，也不是农药，它只有调节营养分配的作用，要充分发挥调节剂的作用，除了科学合理应用外，必须高度重视良好的树体和水肥管理。

切记阳光玫瑰花序对赤霉素极为敏感，千万不可用赤霉素拉长花序。

主要参考文献 REFERENCES

晁无疾,单涛,张燕娟,2017.彩图版实用葡萄设施栽培.北京:中国农业出版社.

李民,刘崇怀,申公安,2013.葡萄病虫害识别与防治图谱.郑州:中原农民出版社.

杨治元,2021.阳光玫瑰葡萄精品高效栽培.北京:中国农业出版社.

植原宣铱,2018.日本葡萄品种(日文版).东京:创森社.

　　陕西北农华绿色生物技术有限公司（简称北农华）是国内专业聚焦葡萄病虫害绿色防控服务的农药生产企业，公司以生产和研发安全优质、高效低毒的新型农药和生物农药为依托，充分发挥自身在葡萄植保领域的产品优势、技术优势和服务优势，致力打造较为领先的葡萄专业服务商。

　　北农华为中国农药发展与应用协会理事单位、陕西省果业协会葡萄分会副会长单位、陕西省农药行业协会副会长单位、中国农学会葡萄分会会员单位等。在产业中树立了良好口碑和品牌形象，得到全国葡萄产业同仁的一致称赞。

　　北农华站在时代前沿，发挥自身优势，开展葡萄生产端至销售端的全产业链对接服务，打造国内颇具潜力的葡萄产销对接综合服务商，坚持创新、锐意进取，北农华愿与葡萄产业各界同仁协作，为推动我国葡萄产业健康可持续发展贡献力量。

图书在版编目（CIP）数据

阳光玫瑰葡萄高质量栽培/晁无疾等编著．—北京：
中国农业出版社，2023.10
ISBN 978-7-109-30902-9

Ⅰ．①阳…　Ⅱ．①晁…　Ⅲ．①葡萄栽培　Ⅳ.
①S663.1

中国国家版本馆CIP数据核字（2023）第132702号

中国农业出版社出版

地址：北京市朝阳区麦子店街18号楼

邮编：100125

责任编辑：阎莎莎　张　利

版式设计：王　晨　　责任校对：吴丽婷　　责任印制：王　宏

印刷：北京通州皇家印刷厂

版次：2023年10月第1版

印次：2023年10月北京第1次印刷

发行：新华书店北京发行所

开本：880mm×1230mm　1/32

印张：5.25

字数：146千字

定价：46.00元
